まえがき

　本書は，第 27 回 (2017) 以後の 5 年間の日本数学オリンピック (JMO) の予選・本選，および第 58 回 (2017) 以後の 5 年間の国際数学オリンピック (IMO)，さらに第 33 回 (2021) アジア太平洋数学オリンピック (APMO)，2020 年 11 月実施のヨーロッパ女子数学オリンピック (EGMO) の日本代表一次選抜試験と第 10 回大会で出題された全問題とその解答などを集めたものです．

　巻末付録の 6.1，6.2，6.3 では，JMO の予選・本選の結果，EGMO および IMO での日本選手の成績を記載しています．6.4 には，2017～2021 年の日本数学オリンピック予選・本選，国際数学オリンピックの出題分野別リストを掲載しています．

　また，巻末付録 6.5 の「記号，用語・定理」では，高校レベルの教科書などではなじみのうすいものについてのみ述べました．なお，巻末付録 6.6 では，JMO，JJMO についての参考書を紹介してあります．6.7 は，第 32 回日本数学オリンピック募集要項です．

　なお，本書に述べた解答は最善のものとは限らないし，わかりやすくないものもあるでしょう．よって，皆さんが自分で工夫し解答を考えることは，本書の最高の利用法の一つであるといえましょう．

　本書を通して，皆さんが数学のテーマや考え方を学び，数学への強い興味を持ち，日本数学オリンピック，さらには国際数学オリンピックにチャレンジするようになればと願っています．

　新型コロナは，今年も数学オリンピックに影響を与えています．しかし，昨年度は APMO 2020 と EGMO 2020 に日本選手は参加できませんでしたが，本年度は参加できました．

公益財団法人　数学オリンピック財団 理事長

森田 康夫

日本数学オリンピックの行事

(1)　国際数学オリンピック
The International Mathematical Olympiad : IMO

　1959 年にルーマニアがハンガリー，ブルガリア，ポーランド，チェコスロバキア (当時)，東ドイツ (当時)，ソ連 (当時) を招待して，第 1 回 IMO が行われました．以後ほとんど毎年，参加国の持ち回りで IMO が行われています．次第に参加国も増えて，イギリス，フランス，イタリア (1967)，アメリカ (1974)，西ドイツ (当時) (1976) が参加し，第 20 回目の 1978 年には 17 ヶ国が，そして日本が初参加した第 31 回 (1990) の北京大会では 54 ヶ国が，2003 年の日本大会では 82 ヶ国，457 名の生徒が世界中から参加し，名実ともに世界中の数学好きの少年少女の祭典となっています．

　IMO の主な目的は，すべての国から数学的才能に恵まれた若者を見いだし，その才能を伸ばすチャンスを与えること，また世界中の数学好きの少年少女および教育関係者であるリーダー達が互いに交流を深めることです．IMO の大会は毎年 7 月初中旬の約 2 週間，各国の持ち回りで開催しますが，参加国はこれに備えて国内コンテストなどで 6 名の代表選手を選び，団長・副団長らとともに IMO へ派遣します．

　例年，団長等がまず開催地へ行き，あらかじめ各国から提案された数十題の問題の中から IMO のテスト問題を選び，自国語に訳します．その後，選手 6 名が副団長とともに開催地に到着します．

　開会式があり，その翌日から 2 日間コンテストが朝 9 時から午後 1 時半まで (4 時間半) 行われ，選手達はそれぞれ 3 問題，合計 6 問題を解きます．コンテストが終わると選手は国際交流と観光のプログラムに移ります．団長・副団長らはコンテストの採点 (各問 7 点で 42 点満点) と，その正当性を協議で決めるコーディネーションを行います．開会より 10 日目頃に閉会式があり，ここで成績優秀者に金・銀・銅メダルなどが授与されます．

(2) アジア太平洋数学オリンピック
The Asia Pacific Mathematics Olympiad：APMO

APMO は 1989 年にオーストラリアやカナダの提唱で西ドイツ国際数学オリンピック (IMO) 大会の開催中に第 1 回年会が開かれ，その年に 4 ヶ国 (オーストラリア，カナダ，香港，シンガポール) が参加して第 1 回アジア太平洋数学オリンピック (APMO) が行われました．

以後，参加国の持ち回りで主催国を決めて実施されています．第 2 回には 9 ヶ国が参加し，日本が初参加した 2005 年第 17 回 APMO では 19 ヶ国，2020 年の第 32 回 APMO は 38 ヶ国が参加して開かれました (新型コロナの影響で日本は参加できませんでした)．2021 年の第 33 回 APMO は日本を含む 37 ヶ国が参加し，日本は金メダル 1 個，銀メダル 2 個，銅メダル 4 個を取り，国別順位は 5 位となりました．

APMO のコンテストは，参加国の国内で参加国ほぼ同時に行われ，受験者数に制限はありませんが，国際的ランクや賞状は各国国内順位 10 位までの者が対象となります．その他の参加者の条件は IMO と同じです．

コンテスト問題は参加各国から 2～3 題の問題を集めて主催国と副主催国が協議して 5 問題を決定します．

コンテストの実施と採点は各国が個別に行い，その上位 10 名までの成績を主催国へ報告します．そして主催国がそれを取りまとめて，国際ランクと賞状を決定します．

APMO は毎年以下のようなスケジュールで実施されています．

- 7 月　参加希望国が主催国へ参加申し込みをする．IMO 開催中に年会が開かれる．
- 8 月　参加国は 2～3 題の候補問題を主催国へ送る．
- 翌年 1 月　主催国がコンテスト問題等を参加各国へ送る．
- 3 月　第 2 火曜日 (アメリカ側は月曜日) に参加国の自国内でコンテストを実施する．
- 4 月　各国はコンテスト上位 10 名の成績を主催国へ送る．
- 5 月末　主催国より参加各国へ国際順位と賞状が送られる．

(3) ヨーロッパ女子数学オリンピック
European Girls' Mathematical Olympiad : EGMO

公益財団法人数学オリンピック財団 (JMO) は，女子選手の育成を目的として，2011 年から中国女子数学オリンピック China Girls Math Olympiad (CGMO) に参加してきました．しかし，2013 年は鳥インフルエンザの問題などで中国からの招待状も届かず，不参加となりました．

一方，イギリスにおいて，CGMO の大会と同様の大会をヨーロッパでも開催したいとの提案が，2009 年にマレーエドワーズカレッジのジェフ・スミス氏によって英国数学オリンピック委員会に出され，国際女性デー 100 周年の 2011 年 3 月 8 日に公式に開催が発表されました．そして，2012 年 4 月に第 1 回 European Girls' Mathematical Olympiad (EGMO) が英国ケンブリッジ大学のマレーエドワーズカレッジで開催され，第 2 回は 2013 年 4 月にオランダのルクセンブルクで開催されました．各国は 4 名の代表選手で参加します．

数学オリンピック財団としては，大会としてテストの体制，問題の作成法やその程度，採点法など IMO に準じる EGMO に参加する方が，日本の数学界における女子選手の育成に大きな効果があると考え，参加を模索していましたが，2014 年の第 3 回トルコ大会から参加が認められました．

毎年 11 月に EGMO の一次選抜試験を実施し，翌年 1 月の JMO 予選の結果を考慮して日本代表選手を選抜し 4 月にヨーロッパで開催される大会に派遣します．

新型コロナの影響で昨年の第 9 回 EGMO オランダ大会は直前に virtual な大会 (オンラインで開催) となり，日本は代表選手を決めましたが参加できませんでした．今年の第 10 回ジョージア大会も昨年に続き virtual な大会となりましたが，日本は銅メダル 3 個を取り，55 ヶ国中で 29 位となりました．

(4) 日本数学オリンピックと日本ジュニア数学オリンピック

The Japan Mathematical Olympiad：JMO

The Japan Junior Mathematical Olympiad：JJMO

前記国際数学オリンピック (IMO) へ参加する日本代表選手を選ぶための日本国内での数学コンテストが，この日本数学オリンピック (JMO) と日本ジュニア数学オリンピック (JJMO) です．

JMO と JJMO の例年の募集期間は 6 月 1 日から 10 月 31 日までですが，2021 年は新型コロナウイルスの影響により，JMO の募集期間を 9 月 1 日〜10 月 31 日に変更し，JJMO は中止としました．今年は JMO と JJMO の双方を開催する予定ですが，詳細は 9 月に発表します．以下，通常の年に行っていることを書きます．

毎年 1 月の成人の日に，全国都道府県に設置された試験場にて，JMO 及び JJMO の予選を午後 1 時 〜 4 時の間に行い (12 題の問題の解答のみを 3 時間で答えるコンテスト，各問 1 点で 12 点満点)，成績順にそれぞれ約 100 名を A ランク，a ランクとし，さらに，予選受験者の約半数までを B ランク，b ランクとします．そして，A ランク者・a ランク者を対象として，JMO 及び JJMO の本選を 2 月 11 日の建国記念の日の午後 1 時 〜 5 時の間に行い (5 題の問題を記述して 4 時間で答えるコンテスト)，成績順に JMO では，約 20 名を AA ランク者，JJMO では約 10 名を aa ランク者として表彰します．JMO では金メダルが優勝者に与えられ，同時に優勝者には川井杯 (優勝者とその所属校とにレプリカ) が与えられます．

JMO の AA ランク者および JJMO の aaa ランク者 (5 名) は，3 月に 7 日間の春の合宿に招待され，合宿参加者の中からそこでのテストの結果に基いて，4 月初旬に IMO への日本代表選手 6 名が選ばれます．

(5)　公益財団法人数学オリンピック財団
The Mathematical Olympiad Foundation of Japan

　日本における国際数学オリンピック (IMO) 派遣の事業は 1988 年より企画され，1989 年に委員 2 名が第 30 回西ドイツ大会を視察し，1990 年の第 31 回北京大会に日本選手 6 名を役員とともに派遣し，初参加を果たしました．

　初年度は，任意団体「国際数学オリンピック日本委員会」が有志より寄付をいただいて事業を運営していました．その後，元協栄生命保険株式会社の川井三郎名誉会長のご寄付をいただき，さらに同氏の尽力によるジブラルタ生命保険株式会社，富士通株式会社，株式会社アイネスのご寄付を基金として，1991 年 3 月に文部省 (現文部科学省) 管轄の財団法人数学オリンピック財団が設立されました (2013 年 4 月 1 日より公益財団法人数学オリンピック財団)．以来この財団は，IMO 派遣などの事業を通して日本の数学教育に多大の貢献をいたしております．

　数学オリンピックが，ほかの科学オリンピックより 10 年以上も前から，世界の仲間入りができたのは，この活動を継続して支えてくださった数学者，数学教育関係者達の弛まぬ努力に負うところが大きかったのです．

　なお，川井三郎氏は日本が初めて参加した「IMO 北京大会」で，日本選手の健闘ぶりに大変感激され，数学的才能豊かな日本の少年少女達のために，個人のお立場で優勝カップをご寄付下さいました．

　このカップは「川井杯」と名付けられ，毎年 JMO の優勝者に持ち回りで贈られ，その名前を刻み永く栄誉を讃えています．

目次

第1部

日本数学オリンピック 予選

1.1 第27回 日本数学オリンピック 予選 (2017)

● 2017 年 1 月 9 日 [試験時間 3 時間, 12 問]

1. 四角形 ABCD は $\angle A = \angle B = \angle C = 30°$, AB $= 4$, BC $= 2\sqrt{3}$ をみた す. このとき四角形 ABCD の面積を求めよ. ただし, XY で線分 XY の 長さを表すものとする.

2. 正の整数の組 (a, b) であって, $a < b$, $ab = 29!$ をみたし, かつ a と b が 互いに素であるようなものはいくつあるか.

3. 図のように, 長方形 ABCD を辺に平行な 4 本の直線によって 9 個の領 域に分割し, 交互に黒と白で塗った.

$$AP = 269, \quad PQ = 292, \quad QB = 223,$$
$$AR = 387, \quad RS = 263, \quad SD = 176$$

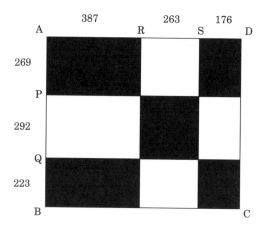

のとき，黒く塗られた部分の面積から白く塗られた部分の面積を引いた
値を求めよ．

ただし，XY で線分 XY の長さを表すものとする．

4. 相異なる 3 点 D, B, C は同一直線上にあり，DB = BC = 2 である．点
A は AB = AC をみたし，直線 AC と直線 DC にそれぞれ A, D で接する
円 Γ が存在するとする．Γ と直線 AB の交点のうち A でない方を E と
し，直線 CE と Γ の交点のうち E でない方を F とするとき，線分 EF の
長さを求めよ．ただし，XY で線分 XY の長さを表すものとする．

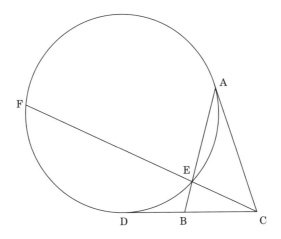

5. $a + b = c + d + e = 29$ となる，相異なる正の整数の組 (a, b, c, d, e) はい
くつあるか．

6. 整数からなる数列 $x_1, x_2, \cdots$ を以下のように定めるとき，x_{144} の値を
求めよ．

- $x_1 = 1, \quad x_2 = x_3 = \cdots = x_{13} = 0.$
- $x_{n+13} = x_{n+5} + 2x_n \quad (n = 1, 2, \cdots).$

7. $1, 2, \cdots, 1000$ の並べ替え $a_1, a_2, \cdots, a_{1000}$ がよい並べ替えであるとは，
次をみたすこととする：

1000 以下の正の整数 m, n に対し，n が m の倍数ならば，a_n は a_m の倍数である．

このとき，次の条件をみたす最小の正の整数 k の値を求めよ．

条件：$b_k \neq k$ をみたすよい並べ替え $b_1, b_2, \cdots, b_{1000}$ が存在する．

8. 三角形 ABC の辺 BC 上に 2 点 D, E がある．4 点 B, D, E, C はこの順に並んでおり，$\angle BAD = \angle ACE$，$\angle ABD = \angle CAE$ であるとする．三角形 ABE の外接円と三角形 ADC の外接円の A と異なる交点を X とおき，AX と BC の交点を F とする．$BF = 5, CF = 6, XD = 3$ のとき，線分 XE の長さを求めよ．ただし，PQ で線分 PQ の長さを表すものとする．

9. $1, 2, \cdots, 2017$ の並べ替え $\sigma = (\sigma(1), \sigma(2), \cdots, \sigma(2017))$ について，$\sigma(i) = i$ となる $1 \leqq i \leqq 2017$ の個数を $F(\sigma)$ とする．すべての並べ替え σ について $F(\sigma)^4$ を足し合わせた値を求めよ．

10. 三角形 ABC は $\angle B = 90°$，$AB = 8$，$BC = 3$ をみたす．辺 BC 上に点 P, 辺 CA 上に点 Q, 辺 AB 上に点 R があり，$\angle CRP = \angle CRQ$，$\angle BPR = \angle CPQ$ をみたす．また，三角形 PQR の周の長さは 12 である．このとき，Q から辺 BC におろした垂線の長さを求めよ．

ただし，XY で線分 XY の長さを表すものとする．

11. あるクラスには 30 人の生徒がいて，出席番号 $1, 2, \cdots, 30$ が割り当てられている．このクラスでいくつかの問題からなるテストを実施した．先生が採点をしたところ，$\{1, 2, \cdots, 30\}$ の部分集合 S に対する次の 2 つの命題が同値であることに気がついた．

1. どの問題についても，ある S の元 k があって，出席番号 k の生徒が正答している．

2. S は 1 以上 30 以下の 2 の倍数をすべて含む，または，1 以上 30 以下の 3 の倍数をすべて含む，または，1 以上 30 以下の 5 の倍数をすべて含む．

このとき，テストに出題された問題の数としてありうる最小の値を求めよ．

12. 上司と部下が次のようなゲームを行った際に，部下が最初にいるマスやその行動によらず，上司が勝つことができるような正の整数 X のうち最小の値を a_n とする．

n を正の整数とし，$n \times n$ のマス目のあるマスに部下がいる．上司と部下は以下の行動を交互に繰り返し，部下がこのマス目内で行動することができなくなった場合上司の勝ちである．

上司の行動：部下がいるマスを確認し，X 個のマスを選ぶ．

部下の行動：上下左右に隣り合うマスに動くことを 0 回以上 4 回以下行うことで，上司が選んだ X 個のマス以外のマスに移動する．

さて，$a_n = a_{2017}$ をみたす最小の n の値を求めよ．

解答

【1】 [解答：$\frac{3\sqrt{3}}{2}$]

点 A, C を線分で結ぶとき，三角形 ABC は AB : BC = 2 : $\sqrt{3}$, $\angle$ABC = 30° をみたすので，AC = $\frac{1}{2}$AB = 2, $\angle$BAC = 60°, $\angle$BCA = 90° となる．よって，$\angle$DAC = 30°, $\angle$DCA = 60° であり，DA = $\frac{\sqrt{3}}{2}$AC = $\sqrt{3}$, DC = $\frac{1}{2}$AC = 1 となる．したがって，四角形 ABCD の面積は，$\frac{1}{2} \cdot$ AC $\cdot$ BC $- \frac{1}{2} \cdot$ DC $\cdot$ DA $= \frac{1}{2} \cdot 2 \cdot 2\sqrt{3} - \frac{1}{2} \cdot 1 \cdot \sqrt{3} = \mathbf{\frac{3\sqrt{3}}{2}}$ である．

【2】 [解答：512 個]

29 以下の素数は 2, 3, 5, 7, 11, 13, 17, 19, 23, 29 の 10 通りなので，29! の相異なる素因数は 10 個である．29! を素因数分解して，$p_1{}^{r_1} p_2{}^{r_2} \cdots p_{10}{}^{r_{10}}$ と表す（$r_i \geqq 1$）．a と b は互いに素だから，29! の各素因数 p_i について，a が $p_i{}^{r_i}$ の倍数になるか b が $p_i{}^{r_i}$ の倍数になるかの 2 通り考えられる．したがって，$ab = 29!$ であり互いに素な (a, b) の個数は 2^{10} 個である．この中で $a < b$ になる組と $b < a$ になる組の個数は同じで，$a = b$ になることは互いに素という条件からありえないので，求める個数は $\frac{2^{10}}{2} = \mathbf{512}$ である．

【3】 [解答：60000]

$(269 - 292 + 223)(387 - 263 + 176)$ を展開すると，9 個の項が出てくる．このうち符号が正の項は 5 個あり，その和が黒く塗られた部分の面積である．また，符号が負の項は 4 個あり，その絶対値の和が白く塗られた部分の面積である．したがって，答はこの式の値 $(269 - 292 + 223)(387 - 263 + 176) = 200 \cdot 300 = \mathbf{60000}$ である．

【4】 [解答：6]

1 点からある円に引いた接線の長さは等しいので，CD = AC = AB = 4．方

べきの定理より，$BE \cdot BA = BD^2 = BC^2$ なので三角形 BEC と三角形 BCA は相似である．また，その相似比は $1 : 2$ なので，$EB = 1$，$EC = 2$，$EA = 3$ である．さらに接弦定理より，$\angle BCE = \angle BAC = \angle EFA$ なので直線 AF と直線 CB は平行である．したがって三角形 EBC と三角形 EAF は相似であり，$EF = EC \cdot \dfrac{EA}{EB} = \mathbf{6}$ となる．

【5】　[解答：7392 個]

　正の整数の組 (c, d, e) が $c + d + e = 29$ をみたすとき，$1 \leqq c < c + d \leqq 28$ より，$(c, c + d)$ としてありうるのは，${}_{28}C_2$ 個である．それぞれに対し，$c + d + e = 29$ をみたす正の整数の組 (c, d, e) が一意に存在するので，このような組 (c, d, e) は ${}_{28}C_2$ 個である．一方，この中で c, d, e の中に等しいものがあるような組は，$(k, k, 29 - 2k)$ $(k = 1, 2, 3, \cdots, 14)$ とその並べ替えだが，どの k についても $k \neq 29 - 2k$ であるから，これらは合わせて $14 \cdot 3 = 42$ 個ある．したがって，$c + d + e = 29$ をみたす相異なる正の整数の組 (c, d, e) の個数は，${}_{28}C_2 - 42 = 336$ となる．

　次に，それぞれの (c, d, e) に対して，問題の条件をみたすような (a, b) の個数を考える．$a + b = 29$ となる相異なる正の整数の組 (a, b) は，a が 1 以上 28 以下の整数で，$b = 29 - a$ となっているものすべてなので，28 個ある．このうち問題の条件をみたさないものは，a または $29 - a$ が c, d, e のいずれかと一致しているとき，すなわち，a が $c, d, e, 29 - c, 29 - d, 29 - e$ のいずれかと一致するときであり，そのときに限る．また，c, d, e のうち，どの異なる 2 つの和も 29 にならないことに注意すると，$c, d, e, 29 - c, 29 - d, 29 - e$ は相異なることがわかる．よって，条件をみたす (a, b) の個数は $28 - 6 = 22$ である．

　以上より，求める個数は，$336 \cdot 22 = \mathbf{7392}$ となる．

【6】　[解答：2888]

まず次の場合の数を考える：

　　長さ 8 の白い棒，長さ 13 の青い棒，長さ 13 の赤い棒がたくさんある．左端は赤い棒か青い棒であり，全体の長さが n であるように並べる場合の数を y_n とする．

このとき, $y_1 = y_2 = \cdots = y_{12} = 0, y_{13} = 2$ であることはすぐわかる. また $n = 1, 2, \cdots$ について, 全体の長さが $n + 13$ となるもののうち, 右端が白い棒である場合の数は y_{n+5} であり, 右端が青い棒か赤い棒である場合の数は $2y_n$ であるので $y_{n+13} = y_{n+5} + 2y_n$ をみたすことがわかる. 一方, $x_2 = x_3 = \cdots = x_{13} = 0, x_{14} = x_6 + 2x_1 = 2$ であり, $x_{n+13} = x_{n+5} + 2x_n$ が成り立つので, $y_n = x_{n+1}$ であることが帰納的にいえる.

よって y_{143} を求めればよい. 左端の赤い棒か青い棒を除いた残りの長さ 130 の部分について考える. $13m + 8n = 130$ をみたす非負整数の組 (m, n) は $(m, n) = (10, 0), (2, 13)$ がありえるので, 赤い棒と青い棒が計 10 本である場合と, 赤い棒か青い棒が計 2 本で白い棒が 13 本である場合がある. 前者は 10 箇所について赤い棒か青い棒がありえるので, $2^{10} = 1024$ 通りである. 後者は白い棒の配置が $_{15}C_2 = 105$ 通りで, 残りの 2 箇所については赤い棒か青い棒がありえるので, $105 \cdot 2^2 = 420$ 通りである. 左端も 2 通りありえるので, $y_{143} = 2 \cdot (1024 + 420) = 2888$ となる.

したがって $x_{144} = y_{143} = \mathbf{2888}$ となる.

【7】　[解答：59]

実数 r に対して r を超えない最大の整数を $[r]$ で表す.

$a_1, \cdots, a_{1000}$ がよい並べ替えであるとする. $n < 1000$ とすると, 条件より, 1000 以下の正の整数のうちで a_n の倍数の個数は n の倍数の個数以上なので

$$\frac{1000}{n} - 1 < \left[\frac{1000}{n}\right] \leqq \left[\frac{1000}{a_n}\right] \leqq \frac{1000}{a_n}$$

である. よって $a_n < \frac{1000n}{1000 - n}$ である. $n \leqq 31$ のとき, $\frac{1000n}{1000 - n} \leqq n + 1$ なので $a_n \leqq n$ であり, 帰納的に $a_n = n$ がわかる. また, $n \leqq 43$ のとき, $\frac{1000n}{1000 - n} \leqq n + 2$ なので $a_n \leqq n + 1$ であり, $n \leqq 61$ のとき, $\frac{1000n}{1000 - n} \leqq n + 4$ なので $a_n \leqq n + 3$ である.

n が 2 以上の合成数のとき, $a_n \geqq 2$ で a_n の約数の個数は n の約数の個数以上なので a_n も合成数である. また, n が 32 以上 61 以下の合成数のとき, n は 4 以上 31 以下の約数 d をもつが, このとき a_n は $a_d = d$ の倍数より, $a_n > n$

と仮定すると $a_n \geqq n + d \geqq n + 4$ となり矛盾. よって $a_n \leqq n$ である.

さて, k を $a_k \neq k$ をみたす最小の整数とする. $k \leqq 58$ であると仮定すると, $k \geqq 32$ であり, $a_k > k$ より k は素数である. よって k は $37, 41, 43, 47, 53$ のいずれかなので, k より大きい最小の素数を p とすると, $a_k \leqq k + 1 \ (k \leqq 43)$ および $a_k \leqq k + 3$ を用いて, $a_k < p \leqq 59$ がいえる. よって $i = k + 1, k + 2, \cdots, a_k$ に対し, i は合成数で 61 以下なので, $a_i \leqq i$ で, $a_i \neq k$ であるから, 帰納的に $a_i = i$ である. 特に $a_{a_k} = a_k$ がわかり, $a_k \neq k$ に矛盾. よって $k \geqq 59$ がいえた.

一方, $b_{59m} = 61m \ (1 \leqq m \leqq 16)$, $b_{61m} = 59m \ (1 \leqq m \leqq 16)$, 59 でも 61 でも割りきれない 1000 以下の整数 n に対しては $b_n = n$ とすると, これはよい並べ替えとなる (1000 以下の正の整数のうち 59 の倍数, 61 の倍数はともに 16 個で, 59 でも 61 でも割りきれる整数は存在しないことに注意). 実際, 1000 以下の正の整数 m, n に対し n が m の倍数で, m が 59 の倍数なら, n も 59 の倍数で $\frac{b_n}{b_m} = \frac{n}{m}$ となるから b_n は b_m の倍数. m が 61 の倍数のときも同様である. m, n がともに 59 でも 61 でも割りきれないときはよい. n が 59 の倍数で m は 59 でも 61 でも割りきれないとき, $n = 59n_1 \ (n_1$ は m の倍数) と表せて, $\frac{b_n}{b_m} = \frac{61n_1}{m}$ だからよい. n が 61 の倍数の場合も同様. よって, $b_1, \cdots, b_{1000}$ がよい並べ替えであることが確かめられた. 以上より, 求める最小値は **59** である.

【8】　[解答 : $\dfrac{3\sqrt{30}}{5}$]

∠BAD = ∠ACD であるから, 接弦定理の逆より三角形 ACD の外接円は点 A で直線 AB に接する. よって ∠BAX = ∠ACX である. 同様にして ∠ABX = ∠CAX であるから, 三角形 ABX と CAX は相似である. また, ∠ABD = ∠CAE, ∠BAD = ∠ACE より, D と E はこの相似で対応する点である. BF : CF = 5 : 6 より三角形 ABX と CAX の面積比は 5 : 6 であるから, 相似比は $\sqrt{5} : \sqrt{6}$ となる. したがって XD : XE = $\sqrt{5} : \sqrt{6}$ となり, XE = $\dfrac{3\sqrt{30}}{5}$ を得る.

【9】　[解答 : $15 \cdot 2017!$]

一般に, $1, 2, \cdots, n$ の並べ替え $\sigma = (\sigma(1), \sigma(2), \cdots, \sigma(n))$ について, $\sigma(i) =$

i となる i を**不動点**とよぶことにする．正の整数 n と n 以下の非負整数 k について，$S(n,k)$ で不動点が k 個であるような $1,2,\cdots,n$ の並べ替えの個数としよう．ここで，次の補題が成り立つ．

補題　$n > i$ なる正の整数 n,i について，$\displaystyle\sum_{k=0}^{n} {}_k\mathrm{P}_i \cdot S(n,k) = n!$ が成り立つ．ただし $k < i$ のとき ${}_k\mathrm{P}_i = 0$ とする．

証明　不動点が i 個以上あるような並べ替えを選んでからその中で特別な不動点を i 個選ぶ場合の数は，i 個特別な不動点を選んでから残りの $n-i$ 個を任意に並べ替える場合の数に等しいから，

$$\sum_{k=i}^{n} {}_k\mathrm{C}_i \cdot S(n,k) = {}_n\mathrm{C}_i \cdot (n-i)! \qquad \therefore \sum_{k=i}^{n} {}_k\mathrm{P}_i \cdot S(n,k) = n!$$

である．$k < i$ で ${}_k\mathrm{P}_i = 0$ より $\displaystyle\sum_{k=0}^{n} {}_k\mathrm{P}_i \cdot S(n,k) = \sum_{k=i}^{n} {}_k\mathrm{P}_i \cdot S(n,k)$ であるから示された．

ここで，

$$k^4 = k + 7k(k-1) + 6k(k-1)(k-2) + k(k-1)(k-2)(k-3)$$

$$= {}_k\mathrm{P}_1 + 7 \cdot {}_k\mathrm{P}_2 + 6 \cdot {}_k\mathrm{P}_3 + {}_k\mathrm{P}_4$$

であるから，補題で $n = 2017$, $i = 1,2,3,4$ として，

$$\sum_{k=0}^{2017} k^4 S(2017,k) = \sum_{k=0}^{2017} ({}_k\mathrm{P}_1 + 7 \cdot {}_k\mathrm{P}_2 + 6 \cdot {}_k\mathrm{P}_3 + {}_k\mathrm{P}_4) \cdot S(2017,k)$$

$$= (1 + 7 + 6 + 1) \cdot 2017! = \mathbf{15 \cdot 2017!}$$

が求める値である．

【10】　[解答：$\dfrac{9}{2}$]

A, Q を直線 BC について対称に移動した点をそれぞれ A′, Q′ とし，Q から辺 BC におろした垂線の足を H とし，直線 QH と直線 RC の交点を X とする．$\angle\mathrm{BPR} = \angle\mathrm{CPQ}$ より，3 点 R, P, Q′ は同一直線上にある．$\angle\mathrm{CRP} = \angle\mathrm{CRQ}$, $\mathrm{CQ} = \mathrm{CQ}'$ なので，正弦定理より，三角形 CRQ と三角形 CRQ′ の外接円の半

径は等しく，三角形 RQC と三角形 RQ'C は合同ではないので，4 点 C, Q, R, Q' は同一円周上にある．円周角の定理より ∠CQ'Q = ∠CRQ である．CQ = CQ' より ∠CQX = ∠CQQ' = ∠CQ'Q であり，直線 AA' と直線 QQ' が平行であることより ∠CAA' = ∠CQQ' である．以上より ∠CQX = ∠CRQ = ∠CAR である．よって，三角形 XCQ, 三角形 QCR, 三角形 RCA は相似である．CX : CQ = 1 : k とすると，相似比は $1 : k : k^2$ である．同様に ∠CQ'X = ∠CRQ' = ∠CA'R であり，三角形 XCQ', 三角形 Q'CR, 三角形 RCA' は相似比 $1 : k : k^2$ の相似である．以上より，QX = a, XQ' = b とすると，2AB · 2QH = (AR + RA')(QX + XQ') = $(ak^2 + bk^2)(a + b) = (ak + bk)(ak + bk) = (RQ + RQ')^2$ となる．QP = Q'P であり，三角形 PQR の周の長さは RQ + RQ' となる．よって，$12^2 = (RQ + RQ')^2 = 2AB · 2HQ = 32HQ$ となる．これを解いて HQ = $\dfrac{9}{2}$ となる．

【11】 [解答：103]

$U = \{1, 2, \cdots, 30\}$ とおく．以下では，出席番号 k の生徒と数 k を区別しない．$A, B, C \subset U$ を

$$A = \{k \in U \mid k \text{ は 2 の倍数}\}, \quad B = \{k \in U \mid k \text{ は 3 の倍数}\},$$

$$C = \{k \in U \mid k \text{ は 5 の倍数}\}$$

で定める．また，$\overline{S}$ で $S \subset U$ の U における補集合を表す．

$S \subset U$ が A, B, C のいずれかを含むとき，S を**良い集合**，そうでないとき**悪い集合**とよぶ．$S \subset T \subset U$ のとき，S が良い集合であれば T も良い集合，T が悪い集合であれば S も悪い集合であることに注意する．S が悪い集合であり，$S \subsetneq T \subset U$ なる任意の T が良い集合であるとき，S を**極大な悪い集合**とよぶ．どの悪い集合も，ある極大な悪い集合に含まれること，異なる極大な悪い集合 S, T に対し，$S \cup T$ は良い集合であることに注意する．

問題の仮定より，S が良い集合であるとき，S に属す誰も正答していない問題は存在しない．一方で，S が悪い集合であるとき，S に属す誰も正答していない問題が存在するので，そのような問題を 1 つ選び，Q_S とおく．ある異なる極大な悪い集合 S, T が存在し，Q_S と Q_T が同一であったと仮定する．この

とき，$S \cup T$ は良い集合であるにもかかわらず，$S \cup T$ に属すいずれの生徒も $Q_S (= Q_T)$ に正答していないので，矛盾する．よって，極大な悪い集合 S ごとに，Q_S は異なる問題であり，極大な悪い集合の個数と同数以上の問題がなければならない．他方，極大な悪い集合 S ごとに異なる問題 Q_S があり，S に属す生徒は誰も Q_S に正答しておらず，S に属さない生徒は全員 Q_S に正答している場合，題意はみたされる．以上より，求める最小値は，極大な悪い集合の個数と一致する．

$S \subset U$ が極大な悪い集合であることは，$\overline{S}$ が A, B, C のいずれとも交わり，なおかつ，$T \subsetneq \overline{S}$ なる任意の $T \subset U$ が A, B, C のいずれかと交わらないことと同値である．このような $\overline{S}$ は，以下のように分類される．

1. $A \cap \overline{B} \cap \overline{C}, \overline{A} \cap B \cap \overline{C}, \overline{A} \cap \overline{B} \cap C$ の元 1 個ずつからなるもの，$8 \cdot 4 \cdot 2 = 64$ 通り．

2. (a) $A \cap \overline{B} \cap \overline{C}, \overline{A} \cap B \cap C$ の元 1 個ずつからなるもの，$8 \cdot 1 = 8$ 通り．
   (b) $\overline{A} \cap B \cap \overline{C}, A \cap \overline{B} \cap C$ の元 1 個ずつからなるもの，$4 \cdot 2 = 8$ 通り．
   (c) $\overline{A} \cap \overline{B} \cap C, A \cap B \cap \overline{C}$ の元 1 個ずつからなるもの，$2 \cdot 4 = 8$ 通り．

3. (a) $A \cap B \cap \overline{C}, A \cap \overline{B} \cap C$ の元 1 個ずつからなるもの，$4 \cdot 2 = 8$ 通り．
   (b) $\overline{A} \cap B \cap C, A \cap B \cap \overline{C}$ の元 1 個ずつからなるもの，$1 \cdot 4 = 4$ 通り．
   (c) $A \cap \overline{B} \cap C, \overline{A} \cap B \cap C$ の元 1 個ずつからなるもの，$2 \cdot 1 = 2$ 通り．

4. $A \cap B \cap C$ の元 1 個からなるもの，1 通り．

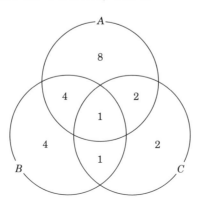

したがって，答は $64 + (8 + 8 + 8) + (8 + 4 + 2) + 1 = \mathbf{103}$ となる．

【12】　[解答：23]

　上から a 行目，左から b 列目のマスを (a, b) で表す．また，(a, b) と (a', b') の距離を $|a - a'| + |b - b'|$ とする．上司は部下のいるマス◎に対して下図の21マスを選ぶことで，辞書式順序 ($a < a'$ または $a = a', b < b'$ のときに $(a, b) < (a', b')$ となるような順序) の小さいマスに部下を移動させることができる．よって，$a_n \leqq 21$ である．

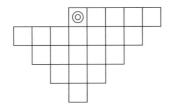

$X = 20$ としたとき，そこに部下がいたときに，k 回以内の行動で上司が勝てるようなマスの集合を S_k とする．マス s からの距離が 4 以下のマスのうち S_{k-1} に含まれないものが 20 個以下であるならば，上司が最初の行動でそれらを選ぶことでその後 $k - 1$ 回以下の行動で勝つことができ，$s \in S_k$ となる．ある角の周辺のマスに注目すると，下図の k が書かれているマスは S_k に含まれることが容易に確認できる．

1	1	2	3	4	5	7	9	11
1	3	4	6	8	10			
2	4	7	9					
3	6	9						
4	8							
5	10							
7								
9								
11								

$n \leqq 22$ のとき，1 行目は両端 9 マスは S_{11} に含まれ，残りのマスも S_{12} に含まれることがわかる．1 列目についても同様であるため，n の値が 1 小さい場合

に帰着することができ，$n = 1$ のときには自明に上司が勝つことができるため，$a_n \leqq 20$ となる．

　下図の領域では各マスについて距離 4 以下のマスが 21 個以上存在するため，$X \leqq 20$ とすると，部下はこの領域の中に留まることができる．

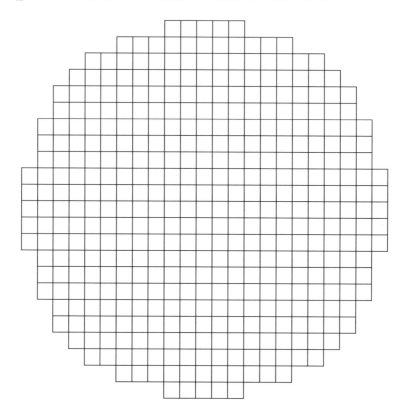

$n \geqq 23$ ではこのような領域をマス目が含むため，$a_n \geqq 21$ であることがわかり，$a_n = 21$ となる．

　したがって，求める値は **23** である．

1.2 第28回 日本数学オリンピック 予選 (2018)

● 2018 年 1 月 8 日 [試験時間 3 時間, 12 問]

1. J 君が九九の表に載っている数 (1 以上 9 以下の整数 2 つの積として表される数) の中から 5 個を選んだところ, いずれも 2 桁であり, 一の位または十の位に 0, 1, 2, 3, 4, 5, 6, 7, 8, 9 がちょうど 1 度ずつ現れていることに気がついた. J 君が選んだ数のうち, 一の位または十の位に 5 が現れるものを答えなさい.

ただし, 2 桁の数として十の位が 0 であるものは考えないものとする.

2. 1 以上 9 以下の整数が書かれたカードが 1 枚ずつ, 全部で 9 枚ある. これらを区別できない 3 つの箱に 3 枚ずつ入れる方法であり, どの箱についても, 入っている 3 枚のカードに書かれている数を小さい順に並べると等差数列をなすものは何通りあるか.

ただし, 3 つの数 a, b, c が等差数列をなすとは, $b - a = c - b$ が成り立つことをいう.

3. 四角形 ABCD が, $\angle A = \angle B = 90°$, $\angle C = 45°$, AC $= 19$, BD $= 15$ をみたすとき, その面積を求めよ. ただし, XY で線分 XY の長さを表すものとする.

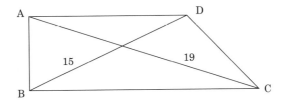

4. 1111^{2018} を 11111 で割った余りを求めよ.

5. 11 個のオセロの石が 1 列に (a) のように並んでいる. 次のように裏返すことを何回か行う:

> 表の色が同じで隣りあわない 2 つの石であって, その間にはもう一方の色の石しかないものを選ぶ. そしてその間の石をすべて同時に裏返す.

このとき, (b) のようになるまでの裏返し方は何通りあるか.

(a) ●○●○○●○○●○● (b) ●●●●●●●●●●●

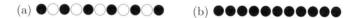

ただし, オセロの石は片面が●, もう片面が○である.

6. 三角形 ABC は直角二等辺三角形で, $\angle A = 90°$ である. その内部に 3 点 X, Y, Z をとったところ, 三角形 XYZ は $\angle X = 90°$ であるような直角二等辺三角形であり, さらに 3 点 A, Y, X および B, Z, Y および C, X, Z はそれぞれこの順に同一直線上に並んでいた. AB = 1, XY = $\frac{1}{4}$ のとき, 線分 AX の長さを求めよ. ただし, ST で線分 ST の長さを表すものとする.

7. 1 以上 12 以下の整数を 2 個ずつ, 6 組のペアに分割する. i と j がペアになっているとき, $|i-j|$ の値をそのペアの**得点**とする. 6 組のペアの得点の総和が 30 となるような分割の方法は何通りあるか.

8. $a_1, a_2, \cdots, a_6$ および $b_1, b_2, \cdots, b_6$ および $c_1, c_2, \cdots, c_6$ がそれぞれ 1, 2, 3, 4, 5, 6 の並べ替えであるとき,

$$a_1 b_1 + a_2 b_2 + \cdots + a_6 b_6 + b_1 c_1 + b_2 c_2 + \cdots + b_6 c_6 + c_1 a_1 + c_2 a_2 + \cdots$$
$$+ c_6 a_6$$

のとりうる最小の値を求めよ.

9.　三角形 ABC の内接円が辺 BC, CA, AB とそれぞれ点 P, Q, R で，∠A 内の傍接円が辺 BC，直線 CA, AB とそれぞれ点 S, T, U で接している．三角形 ABC の内心を I，直線 PQ と直線 ST の交点を D，直線 PR と直線 SU の交点を E とする．AI = 3, IP = 1, PS = 2 のとき，線分 DE の長さを求めよ．

ただし，XY で線分 XY の長さを表すものとする．また，三角形 ABC の ∠A 内の傍接円とは，辺 BC，辺 AB の点 B 側への延長線，および辺 AC の点 C 側への延長線に接する円のことをさす．

10.　$2^3 = 8$ 人の選手が勝ち抜きトーナメントのチェス大会に参加した．この大会では，次のようにして優勝者が決定される：

- 最初に，選手全員を横一列に並べる．
- 次に，以下の操作を 3 回繰り返す：

　　列の中の選手を，端から順に 2 人ずつ組にし，各組の選手どうしで試合を行う．勝った選手は列に残り，負けた選手は列から脱落する．ただし，引き分けは発生しないものとする．

- 最後に列に残った選手を優勝者とする．

大会の前には総当たりの練習試合が行われ，その際引き分けは発生しなかった．すなわち，任意の 2 人組について，その 2 人の選手による練習試合が行われ，勝敗が決した．

いま，大会中の勝敗が練習試合と一致すると仮定したとき，はじめの選手の並べ方によっては優勝する可能性のある選手はちょうど 2 人であった．練習試合の勝敗の組み合わせとしてありうるものは何通りあるか．

11.　以下の条件をみたす正の整数 n はいくつ存在するか．

条件：n を最高位が 0 にならないように 7 進法表記したときの桁数を k としたとき $k \geqq 2$ である．また n を 7 進数で表したの

ち，下から i 桁目 ($i = 1, 2, \cdots, k-1$) を取り除いて得られる，7
進法表記で $k-1$ 桁の整数を n_i としたとき

$$\sum_{i=1}^{k-1} n_i = n$$

をみたす．

12.　　整数からなる数列 $a_1, a_2, \cdots$ は任意の整数 m, n に対して次をみたす：

$m, n \geqq 30$ かつ $|m - n| \geqq 2018$ ならば，a_{m+n} は $a_m + n$ または
$a_n + m$ に等しい．

このとき，$a_{N+1} - a_N \neq 1$ となる正の整数 N としてありうる最大の値
を求めよ．

解答

【1】 [解答：56]

0 以上 9 以下の異なる 2 つの整数が**ペア**であるとは，その 2 数をどちらかを先にして並べると J 君の選んだ整数の 1 つとなることとする．九九の表に現れる 2 桁の正の整数のうち，一の位または十の位に 9 が現れるものは 49 のみであるから，4 と 9 はペアである．7 が現れるものは 27 と 72 のみであるから，2 と 7 はペアである．まだ使われていない 0, 1, 3, 5, 6, 8 の中に 3 組のペアがあるが，8 とペアになるものは 1 のみであり，18 または 81 が作られる．残った数の中で，0 とペアになるものは 3 のみであり，30 が作られる．最後まで残った 5, 6 で作られるのは **56** であり，これが答である．

【2】 [解答：5 通り]

1, 2, 3, 4, 5, 6, 7, 8, 9 を等差数列をなす 3 つの数 3 組に分ける方法が何通りあるのかを考えればよい．等差数列をなすように 1 を含む 3 つの数を選ぶ方法は，$\{1, 2, 3\}, \{1, 3, 5\}, \{1, 4, 7\}, \{1, 5, 9\}$ の 4 通りがある．それぞれの場合について，残りの 6 つの数を等差数列をなす 3 つの数 2 組に分ける方法を考えると，以下のように $\{1, 2, 3\}$ の場合は 2 通り，それ以外の場合は 1 通りずつある．

$$\{1, 2, 3\} \to \{\{4, 5, 6\}, \{7, 8, 9\}\}, \ \{\{4, 6, 8\}, \{5, 7, 9\}\},$$

$$\{1, 3, 5\} \to \{\{2, 4, 6\}, \{7, 8, 9\}\},$$

$$\{1, 4, 7\} \to \{\{2, 5, 8\}, \{3, 6, 9\}\},$$

$$\{1, 5, 9\} \to \{\{2, 3, 4\}, \{6, 7, 8\}\}.$$

したがって，答は **5** 通りである．

【3】 [解答：68]

$AD = a$, $BC = b$ とおく．D から辺 BC に下ろした垂線の足を H とおくと，

四角形 ABHD は長方形，三角形 CHD は $\angle CHD = 90°$ の直角二等辺三角形であり，$AB = DH = CH = BC - BH = BC - AD = b - a$ となる．三角形 ABC および三角形 ABD にそれぞれ三平方の定理を用いると $b^2 + (b-a)^2 = 19^2$，$a^2 + (b-a)^2 = 15^2$ であり，2 式の差をとって，$b^2 - a^2 = 19^2 - 15^2$ を得る．よって，四角形 ABCD の面積は $\frac{1}{2}AB(AD+BC) = \frac{(b-a)(a+b)}{2} = \frac{b^2-a^2}{2} = \frac{19^2-15^2}{2} = \mathbf{68}$ となる．

【4】　[解答：100]

$10^5 = 9 \cdot 11111 + 1 \equiv 1 \pmod{11111}$ を用いて，

$$1111^{2018} \equiv (1111 - 11111)^{2018} \equiv (-10000)^{2018} \equiv 10^{4 \cdot 2018} \equiv 10^{5 \cdot 1614 + 2}$$

$$\equiv 10^2 \equiv 100 \pmod{11111}$$

がわかるので，求める値は **100** である．

【5】　[解答：945 通り]

題意の操作の途中で，同じ色の石が 2 つ以上連続した場合，その後の操作でそれらは同じ裏返され方をするので，そのうち 1 つを残して他を取り除くことにしてよい．このとき，石の並び方は必ず

$$\bullet\circ\bullet\circ\bullet\circ\circ\bullet\circ\bullet \rightarrow \bullet\circ\bullet\circ\circ\bullet\circ\bullet$$

$$\rightarrow \bullet\circ\bullet\circ\bullet\circ\bullet \rightarrow \bullet\circ\bullet\circ\bullet \rightarrow \bullet\circ\bullet \rightarrow \bullet$$

と変化していく．各ステップでは，裏返す場所を選ぶ方法はそれぞれ $9, 7, 5, 3, 1$ 通りであるから，答は $9 \cdot 7 \cdot 5 \cdot 3 \cdot 1 = \mathbf{945}$ 通りである．

【6】　[解答：$\frac{2+\sqrt{79}}{20}$]

$\angle YAB < \angle XYZ = 45°$ なので，$\angle CAX = 90° - \angle YAB > 45° > \angle ACX$ となり，$AX < CX$ とわかる．よって，線分 CX 上に $AX = PX$ をみたす点 P をとることができる．すると，$\angle APC = 135° = \angle CZB$，$\angle ACP = 45° - \angle ZCB = \angle CZY - \angle ZCB = \angle CBZ$ となり，二角相等より三角形 APC と三角形 CZB は相似とわかる．相似比は $AC : CB = 1 : \sqrt{2}$ なので，$CZ = \sqrt{2}AP = 2AX$ となる．

AX $= x$ とおくと，CX $=$ CZ $-$ XZ $=$ CZ $-$ XY $= 2x - \dfrac{1}{4}$ なので，三角形 XAC についての三平方の定理より，$x^2 + \left(2x - \dfrac{1}{4}\right)^2 = 1$ となり，$x > 0$ とあわせて $x = \dfrac{2 + \sqrt{79}}{20}$ を得る．

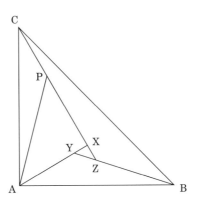

【7】　[解答：1104 通り]

$i = 1, 2, \cdots, 6$ について，a_i と b_i がペアになっているとする．$a_i < b_i$ かつ $a_1 < a_2 < \cdots < a_6$ としてかまわない．6 組のペアの得点の総和が 30 となるとき，$\displaystyle\sum_{i=1}^{6}(b_i - a_i) = 30$ である．また，$\displaystyle\sum_{i=1}^{6}(a_i + b_i) = 1 + 2 + \cdots + 12 = \dfrac{12 \cdot 13}{2} = 78$ であるから，

$$\sum_{i=1}^{6} a_i = \frac{1}{2}\left(\sum_{i=1}^{6}(a_i + b_i) - \sum_{i=1}^{6}(b_i - a_i)\right) = \frac{1}{2}(78 - 30) = 24$$

がわかる．これは $(a_1, a_2, a_3, a_4, a_5, a_6) = (1, 2, 3, 4, 5, 9)$，$(1, 2, 3, 4, 6, 8)$，$(1, 2, 3, 5, 6, 7)$ のとき成立する．この 3 通りで場合分けをする．

- $(a_1, a_2, a_3, a_4, a_5, a_6) = (1, 2, 3, 4, 5, 9)$ のとき，b_6 が 10, 11, 12 のいずれかであればよいので，分割の方法は $3 \cdot 5! = 360$ 通りある．

- $(a_1, a_2, a_3, a_4, a_5, a_6) = (1, 2, 3, 4, 6, 8)$ のとき，b_6 が 9, 10, 11, 12 のいずれかであり，b_5 が 7, 9, 10, 11, 12 のうち b_6 でないもののいずれかであればよいので $4 \cdot 4 \cdot 4! = 384$ 通りである．

- $(a_1, a_2, a_3, a_4, a_5, a_6) = (1, 2, 3, 5, 6, 7)$ のとき，$b_i = 4$ となる i が 1, 2, 3 のいずれかであればよいので $3 \cdot 5! = 360$ 通りである．

以上より題意をみたす分割の方法は $360 + 384 + 360 = \mathbf{1104}$ 通りあることがわかった．

【8】　[解答：195]

題意の式を S とおくと，

$$2S = \sum_{k=1}^{6} 2(a_k b_k + b_k c_k + c_k a_k) = \sum_{k=1}^{6} (a_k + b_k + c_k)^2 - \sum_{k=1}^{6} (a_k^2 + b_k^2 + c_k^2).$$

右辺の第 1 項を T とおく．第 2 項は，一定の値 $3 \cdot (1^2 + 2^2 + 3^2 + 4^2 + 5^2 + 6^2) = 3 \cdot 91$ であるから，T のとりうる最小の値を求めればよい．そのために次の補題を用いる．

補題　n, q, r を $n \geqq 2, 0 \leqq r < n$ をみたす整数とする．整数 $x_1, x_2, \cdots, x_n$ が $\displaystyle\sum_{k=1}^{n} x_k = nq + r$ をみたしながら動くとき，$\displaystyle\sum_{k=1}^{n} x_k^2$ が最小値をとるのは，$x_1, x_2, \cdots, x_n$ が $\underbrace{q, \cdots, q}_{n-r \text{ 個}}, \underbrace{q+1, \cdots, q+1}_{r \text{ 個}}$ の並べ替えのときである．

証明　$f(x_1, x_2, \cdots, x_n) = \displaystyle\sum_{k=1}^{n} x_k^2$ とおく．f のとる値は非負整数であるから，最小値は存在する．$x_1, x_2, \cdots, x_n$ が $\underbrace{q, \cdots, q}_{n-r \text{ 個}}, \underbrace{q+1, \cdots, q+1}_{r \text{ 個}}$ の並べ替えであることと，$x_1, x_2, \cdots, x_n$ のうちのどの 2 つの差も 1 以下であることは同値であるから，差が 1 より大きい x_i, x_j があるときに最小値をとらないことを示せばよい．一般性を失わず，$x_1 > x_2 + 1$ の場合のみを考えればよい．すると，

$$f(x_1, x_2, \cdots, x_n) - f(x_1 - 1, x_2 + 1, x_3, \cdots, x_n)$$

$$= (x_1^2 + x_2^2) - ((x_1 - 1)^2 + (x_2 + 1)^2) = 2(x_1 - x_2 - 1) > 0$$

すなわち $f(x_1, x_2, \cdots, x_n) > f(x_1 - 1, x_2 + 1, x_3, \cdots, x_n)$ であり，確かに最小値をとらない．$\displaystyle\sum_{k=1}^{6} (a_k + b_k + c_k) = 3 \cdot (1 + 2 + 3 + 4 + 5 + 6) = 3 \cdot 21 = 6 \cdot 10 + 3$ は一定であるから，補題を $n = 6, q = 10, r = 3$ の場合に適用して，$T \geqq 3 \cdot$

$10^2 + 3 \cdot 11^2 = 3 \cdot 221$ である．ここで，

$$(a_1, a_2, a_3, a_4, a_5, a_6) = (1, 2, 3, 4, 5, 6), \quad (b_1, b_2, b_3, b_4, b_5, b_6) = (4, 5, 6, 1, 2, 3),$$

$$(c_1, c_2, c_3, c_4, c_5, c_6) = (5, 3, 1, 6, 4, 2)$$

とおくと，$a_k + b_k + c_k = 10 \ (k = 1, 2, 3)$，$a_k + b_k + c_k = 11 \ (k = 4, 5, 6)$ となるので，等号が成立する．以上より，T のとりうる最小の値は $3 \cdot 221$ であり，S のとりうる最小の値は $\dfrac{3(221 - 91)}{2} = \mathbf{195}$ となる．

【9】　[解答：$\dfrac{4\sqrt{2}}{3}$]

AB ＝ AC であると仮定すると，対称性より点 P, S は一致してしまい，PS ＝ 2 に矛盾する．したがって，AB ≠ AC である．また，条件は B, C について対称なので，AB ＜ AC としてよい．$\angle CAB = 2\alpha$，$\angle ABC = 2\beta$，$\angle BCA = 2\gamma$ とおく．

CP ＝ CQ より，$\angle CQP = 90° - \dfrac{1}{2}\angle PCQ = 90° - \gamma$ とわかる．また，CS ＝ CT より $\angle CTS = \dfrac{1}{2}\angle SCA = \gamma$ となるので，$\angle PDS = \angle DQT + \angle DTQ = \angle CQP + \angle CTS = 90°$ とわかる．同様に，$\angle PES = 90°$ もわかるので，2 点 D, E は線分 PS を直径とする円周上にあるといえる．この円を ω とする．

ここで，$\angle DSE = 180° - \angle TSU$ であり，また接弦定理より $\angle TSU = 180° - \angle ATU$，さらに AT ＝ AU より $\angle ATU = 90° - \dfrac{1}{2}\angle TAU = 90° - \alpha$ となるので，$\angle DSE = 180° - \angle TSU = \angle ATU = 90° - \alpha$ とわかる．

したがって，線分 PS が ω の直径であることから正弦定理より，DE ＝ $PS \sin \angle DSE = PS \cos \alpha$ とわかる．AI ＝ 3，IQ ＝ IP ＝ 1 より $\sin \alpha = \dfrac{1}{3}$ であることから，$\alpha < 90°$ とあわせて $\cos \alpha = \dfrac{2\sqrt{2}}{3}$ となるので，DE ＝ $\dfrac{4\sqrt{2}}{3}$ を得る．

【10】　[解答：344064 通り]

優勝する可能性のある 2 人の選手のうち，練習試合で敗れた方を A，勝った方を B とする．B が練習試合で全勝したとすると，はじめの選手の並び方によらず B が優勝することになるため，B は練習試合で 1 敗以上したとわかる．こ

こで，B に練習試合で勝利した選手のうちの 1 人を C とする．A が練習試合で C に敗れたとすると，はじめに左から順に A, C, B, ⋯ と選手が並んだとき，A, B 以外の選手が優勝するため矛盾する．よって A は練習試合で C に勝利したことがわかる．

　A が練習試合で 2 敗以上したとする．ここで，B 以外で A に練習試合で勝利した選手のうちの 1 人を D とする．はじめに左から順に A, D, B, C, ⋯ と選手が並んだとすると，A, B 以外の選手が優勝するため矛盾する．したがって，A は練習試合で 6 勝 1 敗であったとわかる．

　B が練習試合で 2 敗以上したとする．ここで，C 以外で B に練習試合で勝利した選手のうちの 1 人を D とする．はじめに左から順に A, B, C, D, ⋯ と選手が並んだとすると，A, B 以外の選手が優勝するため矛盾する．したがって，B は練習試合で 6 勝 1 敗であったとわかる．

　C が練習試合で 2 勝以上したとする．ここで，B 以外で C が練習試合で勝利した選手のうちの 1 人を D とする．はじめに左から順に A, B, C, D, ⋯ と選手が並んだとすると，A, B 以外の選手が優勝するため矛盾する．したがって，C は練習試合で 1 勝 6 敗であったとわかる．

　逆に，A, B, C が練習試合でそれぞれ 6 勝 1 敗，6 勝 1 敗，1 勝 6 敗であったとする．A が優勝しないとき，B は A に勝利するから B は 2 回戦に進出する．さらに B が優勝しないとすると，B は 2 回戦以降で C に敗北することになるが，C は練習試合で 1 勝 6 敗だったから，2 回戦以降で勝利することはないため矛盾する．

　以上より，A, B, C が練習試合でそれぞれ 6 勝 1 敗，6 勝 1 敗，1 勝 6 敗であったことが，優勝する可能性のある選手が A と B のちょうど 2 人になる必要十分条件である．このような練習試合の勝敗の組み合わせは，A, B, C に該当する選手の選び方が $8 \cdot 7 \cdot 6 = 336$ 通り，残りの 5 人の選手どうしの試合が $_5C_2 = 10$ 試合あってその勝敗の組み合わせが $2^{10} = 1024$ 通りであるから，$336 \cdot 1024 = \mathbf{344064}$ 通りである．

【11】　[解答：42]

　以下では，桁に関する議論は，7 進法表記で考えることにする．

$i = 1, 2, \cdots, k$ について，n の下から i 桁目を a_i，下 $i-1$ 桁を b_i とおく．ただし，$b_1 = 0$ とする．$0 \leqq a_i \leqq 6, 0 \leqq b_i < 7^{i-1}$ であり，n と $7n_i$ の下から $i+1$ 桁目以降は一致するため $|n - 7n_i| = |(a_i 7^{i-1} + b_i) - 7b_i| = |a_i 7^{i-1} - 6b_i| \leqq 6 \cdot 7^{i-1}$ が成り立つ．よって，

$$\sum_{i=1}^{k-1} |n - 7n_i| \leqq \sum_{i=1}^{k-1} 6 \cdot 7^{i-1} < 7^{k-1}$$

を得る．一方で，三角不等式より

$$\sum_{i=1}^{k-1} |n - 7n_i| \geqq \left| \sum_{i=1}^{k-1} (n - 7n_i) \right| = |(k-1)n - 7n| = |k-8| \cdot n$$

である．これら 2 式と $n \geqq 7^{k-1}$ より，$|k-8| < 1$ すなわち $k = 8$ を得る．

$i = 1, 2, \cdots, 7$ について，$n_1, \cdots, n_i$ の下から i 桁目は a_{i+1} であり，$n_{i+1}, \cdots, n_7$ の下から i 桁目は a_i であるから，問題は 0 以上 6 以下の整数の組 $(a_1, a_2, \cdots, a_8)$ であって，$a_8 \neq 0$ および

$$\sum_{i=1}^{7} ((7-i)a_i + ia_{i+1})7^{i-1} = \sum_{i=1}^{8} a_i 7^{i-1}$$

をみたすものが何通りあるのかを求めることに帰着される．この式はさらに

$$\sum_{i=1}^{5} ((6-i)a_i + ia_{i+1})7^{i-1} = a_7 7^5 \tag{$*$}$$

と変形される．$(*)$ は a_8 によらないので，$(*)$ をみたす $(a_1, a_2, \cdots, a_7)$ の個数を求め，それに $1 \leqq a_8 \leqq 6$ の選び方の 6 通りを掛けたものが答である．$(*)$ をみたす $(a_1, a_2, \cdots, a_7)$ の個数を求めよう．まず，次の補題を示す．

補題 $v \geqq 0$，x を 7 でちょうど v 回割りきれる整数，y を 7 で v 回以上割りきれる整数とするとき，$tx + y$ が 7^{v+1} で割りきれるような 0 以上 6 以下の整数 t が一意に存在する．

証明 $tx + y$ $(t = 0, 1, \cdots, 6)$ はいずれも 7^v で割りきれるので，7^{v+1} で割った余りは $s7^v$ $(s - 0, 1, \cdots, 6)$ のいずれかである．$0 \leqq i < j \leqq 6$ に対して $(jx + y) - (ix + y) = (j-i)x$ は 7 でちょうど v 回割りきれるので，$ix + y, jx + y$ を 7^{v+1} で割った余りは異なる．したがって，$tx + y$ $(t = 0, 1, \cdots, 6)$ を 7^{v+1} で割った余りはすべて異なり，特に 0 となるものがある．

$$\sum_{i=1}^{m}((6-i)a_i+ia_{i+1})7^{i-1}=C_m \qquad (m=1,2,\cdots,5)$$

とおく. $(a_1,a_2,\cdots,a_7)$ が $(*)$ をみたすとき, C_m は 7^m の倍数でなければならない. $0 \leqq a_1 \leqq 6$ を 1 つ選んで固定する. 補題を $v=0$, $x=1$, $y=5a_1$ に適用して, C_1 が 7 の倍数となるような $0 \leqq a_2 \leqq 6$ が一意にとれる. すると, 補題を $v=1$, $x=2\cdot7$, $y=C_1+4a_2\cdot7$ に適用して, C_2 が 7^2 の倍数となるような $0 \leqq a_3 \leqq 6$ が一意にとれる. 以下も同様に, $m=3,4,5$ について順に補題を $v=m-1$, $x=m7^{m-1}$, $y=C_{m-1}+(6-m)a_m7^{m-1}$ に適用することで, 0 以上 6 以下の整数の組 $(a_1,a_2,\cdots,a_6)$ であり, C_5 が 7^5 の倍数となるものが各 a_1 の値に対して一意に存在することがわかる. このとき, $(6-i)a_i+ia_{i+1} \leqq (6-i)\cdot6+i\cdot6=6^2 \ (i=1,2,\cdots,5)$ より

$$0 \leqq \sum_{i=1}^{5}((6-i)a_i+ia_{i+1})7^{i-1} \leqq \sum_{i=1}^{5}6^2\cdot7^{i-1} < 6\cdot7^5$$

であるから $(*)$ をみたすような $0 \leqq a_7 \leqq 6$ が一意にとれる (特に $a_7 \leqq 5$ となる). 以上より, $(*)$ をみたす $(a_1,a_2,\cdots,a_7)$ の個数は, a_1 の選び方の個数と同じ 7 個であることがわかった. したがって, 答は $7\cdot6=\mathbf{42}$ である.

【12】　[解答：4065]

$n=1,2,\cdots$ について $b_n=a_n-n$ とすると, 条件は以下のようになる：

(P) 任意の 30 以上の整数 m, n に対して, $|m-n| \geqq 2018$ ならば b_{m+n} は b_m または b_n に等しい.

(P) のもとで, b_n が $n \geqq 4066$ で一定であることを示す.

まず, 次の補題を示す.

補題　整数の組 (i,j,k,l) が $30 \leqq i < j < k < l$ をみたし, さらに $b_i=b_l$ かつ $b_j, b_k \neq b_i$ をみたすとき, $k-j \leqq 2017$ が成り立つ.

証明　$l-i$ についての帰納法で示す. $l-i$ が 2019 以下のときは明らかである.

p を 2019 以上の整数とし, $l-i=p$ で補題の主張が成り立つとして, $l-i=p+1$ のときにも成り立つことを示す. $l-i=p+1 \geqq 2018$, $i \geqq 30$ であるから,

(P) より $b_{i+l} = b_i = b_l$ である．また $(l-1)-(i+1) = (l-i)-2 = p-1 \geqq$ 2018 であるから，(P) より b_{i+1} または b_{l-1} が $b_{i+l} = b_i$ に等しい．したがって，$(i+1, j, k, l)$ または $(i, j, k, l-1)$ を考えることで，$k-j \leqq 2017$ が帰納法の仮定から従う．

次に，b_n が十分大きな n で一定になることを示す．s, t をともに 2018 以上で $s-t \geqq 2018$ が成り立つようにとるとき，b_{s+t} は b_s または b_t に等しい．(P) を繰り返し用いることで，$b_{s+t} = b_s$ の場合は $b_{s+t} = b_{2s+t} = b_{3s+t} = \cdots$ が，$b_{s+t} = b_t$ の場合は $b_{s+t} = b_{s+2t} = b_{s+3t} = \cdots$ がそれぞれわかる．

いずれの場合も，$u > s+t$ かつ $b_u \neq b_{s+t}$ なる u があるとすると，$n \geqq u+2018$ では b_n はつねに b_{s+t} に等しくなる．実際，$b_n \neq b_{s+t}$ かつ $n \geqq u+2018$ なる n があるとすると，$b_m = b_{s+t}$ なる整数 m であって $m > n$ なるものがとれるので，$(s+t, u, n, m)$ に補題を用いると矛盾が得られる．よってこのとき b_n は $n \geqq u+2018$ で一定となる．またこのような u が存在しない場合は $n \geqq s+t$ で一定となるのでよい．

b_n が途中から一定となることが示されたので，その値を α とおく．b_{30} の値によって場合分けして考える．

(1) $b_{30} \neq \alpha$ のとき．

　　$n \geqq 2048$ かつ $b_n \neq \alpha$ なる整数 n があると仮定すると，(P) を繰り返し用いると $b_n, b_{n+30}, b_{n+60}, \cdots$ はすべて α と異なる値をとる．これは b_n が途中から α で一定になることに矛盾するので，b_n は $n \geqq 2048$ で一定となる．

(2) $b_{30} = \alpha$ のとき．

　　(a) $31 \leqq n \leqq 2048$ なる整数 n であって $b_n \neq \alpha$ をみたすものが存在する場合，補題より，$b_m \neq \alpha$ となる m は $m \leqq n+2017 \leqq 4065$ をみたす．したがって，b_n は $n \geqq 4066$ で一定となる．

　　(b) $b_{31} = b_{32} = \cdots = b_{2048} = \alpha$ となる場合，(P) よりまず $b_{2078} = \alpha$ がわかる．次に $31, 32, \cdots, 60 \leqq 2078 - 2018$ であるから，$2109 \leqq n \leqq 2138$ でつねに $b_n = \alpha$ となる．ここで $b_{30} = \alpha$ より，あとは (P) を

繰り返し用いることで $\alpha = b_{2139} = b_{2140} = \cdots$ が得られ，b_n は $n \geqq$ 2109 で一定となる．

　以上より，いずれの場合も b_n は $n \geq 4066$ で一定であることがわかった．ここで $a_{N+1} - a_N \neq 1$ は $b_{N+1} \neq b_N$ と同値であるから，$a_{N+1} - a_N \neq 1$ をみたす N が存在するとき，$N \leqq 4065$ である．逆に，$n = 1, 2, \cdots$ について

$$a_n = \begin{cases} n - 1 & (2048 \leqq n \leqq 4065 \text{ のとき}) \\ n & (\text{それ以外のとき}) \end{cases}$$

と定めると，この a_n は問題で与えられた条件をみたし，かつ $a_{4066} - a_{4065} = 2 \neq 1$ である．

　したがって，答は **4065** である．

1.3　第29回 日本数学オリンピック 予選 (2019)

● 2019 年 1 月 14 日 [試験時間 3 時間, 12 問]

1.　正の整数の組 (x, y, z) であって

$$x + xy + xyz = 31, \qquad x < y < z$$

となるものをすべて求めよ.

2.　どの桁も素数であるような正の整数を**良い数**という. 3 桁の良い数であって, 2 乗すると 5 桁の良い数になるものをすべて求めよ.

3.　3×3 のマス目の各マスに 1 以上 9 以下の整数を重複しないように 1 つずつ書き込む. 辺を共有して隣りあうどの 2 マスについても書き込まれた整数の差が 3 以下になるように書き込む方法は何通りあるか.

　　ただし, 回転や裏返しにより一致する書き込み方も異なるものとして数える.

4.　正五角形 ABCDE があり, 線分 BE と線分 AC の交点を F とする. また点 F を通る直線が辺 AB, CD とそれぞれ点 G, H で交わり, BG = 4, CH = 5 が成り立つ. このとき線分 AG の長さを求めよ. ただし, XY で線分 XY の長さを表すものとする.

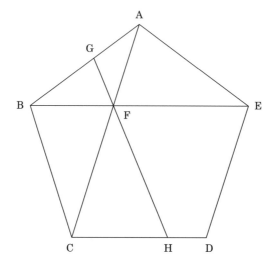

5.　97, 100, 103 で割った余りがそれぞれ 32, 33, 34 である正の整数のうち最小のものを求めよ.

6.　正 120 角形のいくつかの頂点に印がついている. 印のついた 3 つの頂点の組であって, 頂角が 18° の二等辺三角形の 3 頂点をなすようなものが存在しないとき, 印のついた頂点の個数としてありうる最大の値を求めよ.

7.　整数係数 2 次多項式 P, Q, R は以下の条件をみたすとする. このとき $R(x)$ として考えられるものをすべて求めよ.

- $P(1) = P(2) = Q(3) = 0.$
- 任意の実数 x に対して $P(x)^2 + Q(x)^2 = R(x)^2$ が成り立つ.
- P, Q, R のすべての係数を割りきる 2 以上の整数はない.
- P, Q の 2 次の係数は 0 ではなく, R の 2 次の係数は正である.

8.　AB > AC をみたす三角形 ABC の内心を I とし, 辺 AB, AC を 1 : 8 に内分する点をそれぞれ D, E とする. 三角形 DIE が一辺の長さが 1 の正三角形であるとき, 線分 AB の長さを求めよ. ただし, XY で線分 XY

の長さを表すものとする.

9.　　4×4 のマス目の各マスを, 赤, 青, 黄, 緑のいずれか 1 色で塗る方法
のうち, どの行と列についても, 次の 3 つの条件のうちのいずれかをみ
たすものは何通りあるか.

- 1 色で 4 個のマスすべてを塗る.

- 異なる 2 色でそれぞれ 2 個のマスを塗る.

- 4 色すべてでそれぞれ 1 個のマスを塗る.

ただし, 回転や裏返しにより一致する塗り方も異なるものとして数える.

10.　　三角形 ABC および辺 AB, AC 上の点 D, E について, AB = 6, AC =
9, AD = 4, AE = 6 が成り立っている. また, 三角形 ADE の外接円が辺
BC と 2 点 F, G で交わっている. ただし, 4 点 B, F, G, C はこの順に並
んでいる. 直線 DF と EG が三角形 ABC の外接円上で交わるとき, $\dfrac{\mathrm{FG}}{\mathrm{BC}}$
の値を求めよ. なお, XY で線分 XY の長さを表すものとする.

11.　　$k = 1, 2, \cdots, 2019^3$ に対して, 正の整数 m であって km を 2019^3 で割った
余りが m より大きいものの個数を $f(k)$ とする. このとき, $f(1), f(2), \cdots,$
$f(2019^3)$ のうちに現れる数は何種類あるか.

12.　　$S = \{1, 2, \cdots, 6\}$ とおく. S の部分集合 X に対して S の部分集合
$F(X)$ を対応づける規則 F であって, 任意の S の部分集合 A, B に対し
て $F(F(A) \cup B) = A \cap F(B)$ をみたすものはいくつあるか.

解答

【1】　[解答：$(1, 2, 14), (1, 3, 9)$]

　1 つ目の式を変形して，$x(1 + y + yz) = 31$ となる．31 は素数で $1 + y + yz > 1$ であるから $x = 1$, $1 + y + yz = 31$ である．したがって $y(1 + z) = 30$ となる．2 つ目の式より $1 < y < z$ であるから，答は $(x, y, z) = \boldsymbol{(1, 2, 14)}, \boldsymbol{(1, 3, 9)}$ の 2 つである．

【2】　[解答：235]

　問題文の条件をみたす 3 桁の整数を n とし，1 桁の素数 a, b, c を用いて $n = 100a + 10b + c$ で表す．n^2 は 5 桁の整数なので $n^2 < 10^5$ であり，$n < 320$ を得る．よって，$10b + c \geqq 22$ より $a = 2$ である．$c = 2, 3, 5, 7$ のとき，n^2 の一の位はそれぞれ 4, 9, 5, 9 である．一方，n^2 は良い数なので，n^2 の一の位は 2, 3, 5, 7 のいずれかであるから，$c = 5$ である．

　以上より，$a = 2$, $c = 5$ であるので $n = 225, 235, 255, 275$ である．このとき $n^2 = 50625, 55225, 65025, 75625$ であり，この中で n^2 が良い数である n は 235 のみである．よって，答は **235** である．

【3】　[解答：32 通り]

　9 マスのうち 4 マスを取り出して考える．(a) のように 4 マスに書き込む数を a, b, c, d とすると，a と d の差は 5 以下となる．実際，$|a - b|$, $|b - d|$ はそれぞれ 3 以下なので $|a - d|$ は 6 以下だが，$|a - d| = 6$ のとき，$b = \dfrac{a + d}{2}$ でなければならない．同様に $c = \dfrac{a + d}{2}$ も必要なので，同じ数を書き込めないことに反する．したがって $|a - d| \leqq 5$ である．

　これにより，もとのマス目の中央のマスに 3 以下の数を書き込むとすると 9 を書き込むことができず，中央のマスに 7 以上の数を書き込むとすると 1 を書き込むことができない．したがって中央のマスに書き込まれる数としてありう

るものは 4, 5, 6 のみである.

　まず 4 を中央のマスに書き込む場合について考える. 9 は中央のマスと辺を
共有するマスには書き込めないので, 四隅のいずれかのマスに書き込むことに
なる. 必要に応じて回転させることで, 一般性を失わずに 9 を右下のマスに書
き込むとしてよい. また, マス目の右下の 4 マスのうち残り 2 マスには 6, 7 し
か書き込めないことに注意すると, 必要に応じて裏返すことで (b) の場合を考
えればよいとわかる. ここで, $e = 8$ であるとすると f, h としてありうるもの
が 5 しかないので不適であり, また中央の数が 4 なので $f, h \neq 8$ である. $g = 8$ であるとすると i, f ともに 5 しか当てはめることができないので, $i = 8$ の場
合のみ考えればよい. すると $h = 5$ しかありえず, $g = 3$, $e = 2$, $f = 1$ と順に
一意に定まり, (c) の書き込み方しかありえない. またこの書き込み方は題意
をみたしている.

　よって 4 を中央のマスに書き込んで題意をみたす方法は (c) の回転, 裏返し
によってできる 8 通りであり, 対称性から 6 を中央のマスに書き込むときの方
法も 8 通りであることがわかる.

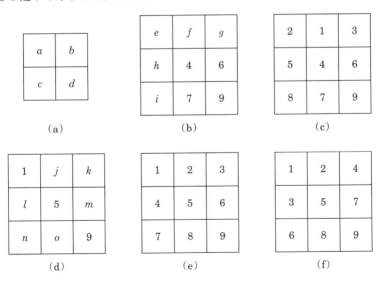

次に 5 を中央のマスに書き込む場合について考える. この場合, 1 と 9 は中
央のマスと辺を共有するマスに書き込めないので, 四隅のマスのいずれかに書

き込むことになる．必要に応じて回転させることで 1 が左上のマスに書き込まれているとしてよい．9 を右上あるいは左下のマスに書き込むとすると，いずれの場合も 1 が書き込まれたマスと 9 が書き込まれたマスの間にあるマスに数を書き込むことができないので，右下のマスに 9 が書き込まれているとしてよい．

よって (d) の j, k, l, m, n, o に残りの数を当てはめる方法を考えればよい．このとき，j, l としてありうる数は 2, 3, 4 のいずれかで，m, o としてありうる数は 6, 7, 8 のいずれかとなる．したがって k と n の片方に 4 以下の数，もう片方に 6 以上の数を当てはめることになるので，一般性を失わず，k が 4 以下，n が 6 以上であるとしてよい．

このとき k, l が書き込まれたマスは 6 以上の数が書き込まれたマスと辺を共有して隣りあうので $j = 2$ しかありえず，同様に $o = 8$ しかありえない．$k = 3$ のときは $l = 4, m = 6, n = 7$ が順に定まり，題意をみたす書き込み方 (e) が一意に得られる．$k = 4$ のときも $l = 3, n = 6, m = 7$ が順に定まり，題意をみたす書き込み方 (f) が一意に得られる．

(e), (f) それぞれの書き込み方に回転，裏返しの 8 通りがあるので，5 を中央のマスに書き込んで題意をみたす方法は 16 通りである．したがって答は $16 + 16 = \mathbf{32}$ 通りである．

【4】　[解答 : $2\sqrt{6} - 2$]

　線分 CE と線分 FH の交点を I とおく．また AG $= a$ とおく．正五角形 ABCDE の 5 つの頂点は同一円周上にあり，その円周を 5 等分している．よって円周角の定理より $\angle\text{BAE} = \frac{1}{2} \cdot \frac{3}{5} \cdot 360° = 108°$，$\angle\text{AEC} = \frac{1}{2} \cdot \frac{2}{5} \cdot 360° = 72°$ とわかるので AB // EC を得る．同様にして CD // BE, DE // CA を得る．よって錯角が等しいことから $\angle\text{GBF} = \angle\text{IEF}$，$\angle\text{BGF} = \angle\text{EIF}$ が成り立つので三角形 GBF と三角形 IEF は相似であるとわかる．同様に $\angle\text{GAF} = \angle\text{ICF}$，$\angle\text{AGF} = \angle\text{CIF}$ より三角形 GAF と三角形 ICF は相似である．したがって AG : CI = FG : FI = BG : EI であり，

$$\frac{\text{CI}}{\text{EI}} = \frac{\text{AG}}{\text{BG}} = \frac{a}{4}$$

を得る．

CD // BE であることから，上と同様に錯角が等しいことを利用すると三角形 EFI と三角形 CHI が相似であることがいえる．また CD // BE, DE // CA より四角形 CDEF は平行四辺形なので EF = DC = AB = 4 + a とわかり

$$\frac{\mathrm{CI}}{\mathrm{EI}} = \frac{\mathrm{CH}}{\mathrm{EF}} = \frac{5}{4+a}$$

を得る．

これらをあわせて

$$\frac{a}{4} = \frac{\mathrm{CI}}{\mathrm{EI}} = \frac{5}{4+a}$$

がわかる．よって $(4+a)a - 20 = 0$ が成り立つので，$a > 0$ より $\boldsymbol{a = 2\sqrt{6} - 2}$ を得る．

【5】　[解答：333033]

n が問題文の条件をみたすとき，$n - 32, n - 33, n - 34$ はそれぞれ 97, 100, 103 の倍数である．このとき，

$$3n + 1 = 3(n - 32) + 97 = 3(n - 33) + 100 = 3(n - 34) + 103$$

より $3n + 1$ は 97, 100, 103 の倍数である．97, 100, 103 はどの 2 つも互いに素なので $3n + 1$ は $97 \cdot 100 \cdot 103$ の倍数である．

$3n+1$ が $97\cdot100\cdot103$ の倍数であるような正の整数 n の最小値は $\dfrac{97 \cdot 100 \cdot 103 - 1}{3}$ = 333033 であり，

$$\frac{97 \cdot 100 \cdot 103 - 1}{3} = 97 \cdot \frac{100 \cdot 103 - 1}{3} + 32 = 100 \cdot \frac{97 \cdot 103 - 1}{3} + 33$$
$$= 103 \cdot \frac{97 \cdot 100 - 1}{3} + 34$$

であるので答は **333033** である．

【6】　[解答：78 個]

正 120 角形の頂点を時計回りに $\mathrm{A}_1, \mathrm{A}_2, \cdots, \mathrm{A}_{120}$ とする．また，$i = 1, 2, \cdots, 120$ に対し，正 120 角形の頂点 A_i を i を 6 で割った余りによって 20 個ずつ 6 つのグループに分割する．$r = 1, 2, \cdots, 6$ について，A_r が含まれるグループをグループ r とよぶことにする．

正 120 角形の頂点の組 (X, Y, Z) が ∠YXZ = ∠YZX, ∠XYZ = 18° をみたし，かつ X, Y, Z がこの順に時計回りに並んでいるとき，頂点の組 (X, Y, Z) を**悪い三角形**とよぶ．ここで，正 120 角形の頂点は同一円周上にあって，円周を 120 等分していることに注意し，この円の中心を O とする．(A_i, A_j, A_k) が悪い三角形となるとき，$∠A_jA_iA_k = 81°$ より，$∠A_jOA_k = 2 \cdot 81° = \frac{9}{20} \cdot 360°$ であるので，$k - j \equiv 120 \cdot \frac{9}{20} = 54 \pmod{120}$ が成り立つ．同様に，$j - i \equiv 54 \pmod{120}$ である．よって A_i, A_j, A_k は同一のグループに属している．

1 以上 6 以下の整数 r を 1 つとり，$B_1, B_2, \cdots, B_{20}$ を $B_i = A_{54i+r}$ で定める．ただし $A_{n+120} = A_n$ として考えることにする．120 と 54 の最大公約数が 6 であることと中国剰余定理より，$B_1, B_2, \cdots, B_{20}$ にはグループ r の要素がちょうど 1 回ずつ現れる．グループ r に含まれる頂点の組 (B_i, B_j, B_k) について，(B_i, B_j, B_k) が悪い三角形であることは $i + 2 \equiv j + 1 \equiv k \pmod{20}$ であることと同値である．

グループ r に含まれる頂点であって，印のついたものが 14 個以上あるとする．このとき i を 1 以上 20 以下の整数とし，頂点の組 (B_i, B_{i+1}, B_{i+2}) について考える．ただし $B_{n+20} = B_n$ として考えることにする．B_k が印のついていない頂点であるとすると，B_i, B_{i+1}, B_{i+2} のいずれかが B_k に一致するような i はちょうど 3 個あるので，B_i, B_{i+1}, B_{i+2} のいずれかが印のついていない頂点であるような i は高々 $3 \cdot (20 - 14) = 18$ 個である．よって B_i, B_{i+1}, B_{i+2} のすべてが印のついている頂点であるような i が存在する．したがってこの場合は問題の条件をみたさないので，グループ r に含まれる印のついた頂点は高々 13 個である．以上より印のついた正 120 角形の頂点は全部で高々 $13 \cdot 6 = 78$ 個である．

一方で，r が 1, 2, 3, 4, 5, 6 のいずれかであり，i が 1, 2, 4, 5, 7, 8, 10, 11, 13, 14, 16, 17, 19 のいずれかである r と i の組 78 通りすべてについて A_{54i+r} に印がついているとする．このとき，同一のグループに含まれる印のついた頂点の組であって，悪い三角形になるものが存在しない．頂点の組 (X, Y, Z) が悪い三角形であるとき，3 頂点 X, Y, Z は必ず同一のグループに含まれることより，この場合は問題の条件をみたすことがわかる．

以上より，答は **78** 個である.

【**7**】　[解答：$5x^2 - 18x + 17$]

　因数定理より，0 でない整数 a を用いて，$P(x) = a(x-1)(x-2)$ と表せる.

$$a^2(x-1)^2(x-2)^2 = P(x)^2 = R(x)^2 - Q(x)^2 = (R(x)+Q(x))(R(x)-Q(x))$$

が x についての恒等式であることに注意する. このとき $R(x)+Q(x)$ と $R(x)-Q(x)$ はいずれも 2 次以下であるが，左辺が 4 次なのでともにちょうど 2 次である. よって，$(R(x)+Q(x), R(x)-Q(x))$ は整数 b と c を用いて $(b(x-1)(x-2), c(x-1)(x-2))$, $(b(x-1)^2, c(x-2)^2)$, $(b(x-2)^2, c(x-1)^2)$ のいずれかの形で表せる.

　1 番目の場合,

$$Q(x) = \frac{1}{2}((R(x)+Q(x)) - (R(x)-Q(x))) = \frac{b-c}{2}(x-1)(x-2)$$

となり，$Q(3) = b-c = 0$ となるが，このとき Q の 2 次の係数が 0 となるので不適である.

　2 番目の場合，Q を $-Q$ に置き換えることで $R(x)+Q(x)$ と $R(x)-Q(x)$ が入れ替わるので，3 番目の場合に帰着できる.

　3 番目の場合,

$$Q(x) = \frac{1}{2}((R(x)+Q(x)) - (R(x)-Q(x))) = \frac{b}{2}(x-2)^2 - \frac{c}{2}(x-1)^2$$

となる. ここで $Q(3) = 0$ であることから，$\frac{b}{2} \cdot 1^2 - \frac{c}{2} \cdot 2^2 = 0$ より $b = 4c$ であり，また $a^2 = bc$ なので $a = \pm 2c$ が成り立つ. ここで必要なら P を $-P$ で置き換えることで $a = 2c$ であるとしてよい. このとき,

$$P(x) = 2c(x-1)(x-2), \quad Q(x) = 2c(x-2)^2 - \frac{c}{2}(x-1)^2,$$

$$R(x) = 2c(x-2)^2 + \frac{c}{2}(x-1)^2$$

となる. R の 2 次の係数は正なので $c > 0$ で，また P, Q, R のすべての係数が整数であることより，特に $\frac{c}{2}$ は整数なので，正の整数 d を用いて $c = 2d$ と表せる. またこのとき各多項式の各係数は d の倍数となるので，$d = 1$ でなけれ

ばならない．以上より，

$$P(x) = 4(x-1)(x-2), \quad Q(x) = 3x^2 - 14x + 15, \quad R(x) = 5x^2 - 18x + 17$$

がこの場合の解となり，$R(x)$ としてありうるものは $\boldsymbol{5x^2 - 18x + 17}$ のみとなる．

【8】　[解答：$\dfrac{81 + 9\sqrt{13}}{16}$]

　I から AB, AC におろした垂線の足を P, Q とすると，IP = IQ と ID = IE より直角三角形 IDP と IEQ は合同となる．直線 DE に関して P,Q が同じ側にあると，AP = AQ と DP = EQ から AD = AE が導かれ，AB > AC に反する．ゆえに直線 DE に関して P,Q は反対側にあるので，∠PDI = ∠QEI から ∠ADI + ∠AEI = 180° となり，∠DIE = 60° から ∠BAC = 120° がわかる．また I は内心なので ∠BAI = 60° である．ここで直線 DI と直線 BC の交点を F とすると，直線 DE と直線 BC が平行なことから ∠BFI = ∠IDE = 60° = ∠BAI がわかる．また I は内心なので ∠ABI = ∠FBI であり，三角形 BAI と三角形 BFI は合同となる．また角の二等分線の性質より DI : FI = DB : FB なので，DI : AI = DI : FI = DB : FB = DB : AB = 8 : 9 より AI = $\dfrac{9}{8}$ がわかる．三角形 ADI に余弦定理を用いると DI^2 = AD^2 + AI^2 − 2AD · AI cos ∠DAI から AD = $\dfrac{9 \pm \sqrt{13}}{16}$ が得られる．同様に，AE = $\dfrac{9 \pm \sqrt{13}}{16}$ であるから，AD > AE より AD = $\dfrac{9 + \sqrt{13}}{16}$ となる．よって，AB = 9AD = $\dfrac{\boldsymbol{81 + 9\sqrt{13}}}{\boldsymbol{16}}$ を得る．

【9】　[解答：262144 通り]

　この解答中で色といった場合には，赤，青，黄，緑の 4 色をさす．

　色の組 $(c_1, \cdots, c_n)$（同一の色が複数回現れてもよい）が**整合的**であるとは，どの色も偶数回現れる，または，どの色も奇数回現れることをいうこととする．特に，このとき n は偶数である．問題の条件は，どの行と列についても現れる色 (c_1, c_2, c_3, c_4) が整合的であることと同値である．

　補題　n を奇数，$(c_1, \cdots, c_n)$ を色の組とするとき，$(c_1, \cdots, c_n, d)$ が整合的となる色 d が一意に存在する．

証明　n は奇数なので，$c_1, \cdots, c_n$ の中に奇数回現れる色は奇数色ある．つまり，1 色または 3 色ある．いずれにせよ，現れる回数の偶奇が他の色と異なる色が 1 色だけあり，それが d である．

題意をみたす塗り方が何通りあるのかを考える．図のように，各マスの色を記号でおく．$c_1, c_2, \cdots, c_9$ を自由に定めるとき，その方法は 4^9 通りある．これらが定まれば，補題を上 3 行に用いて d_1, d_2, d_3 が，左 3 列に用いて e_1, e_2, e_3 が一意に定まる．(d_1, d_2, d_3, x) が整合的となる色 x と，(e_1, e_2, e_3, y) が整合的となる色 y が同一となることを示せば，この共通の色が右下のマスとして唯一適することがわかる．

$(c_1, c_2, c_3, d_1), (c_4, c_5, c_6, d_2), (c_7, c_8, c_9, d_3), (d_1, d_2, d_3, x)$ はいずれも整合的であるから，これらを合併してできる 16 個の色からなる組も整合的であり，2 回ずつ現れる d_1, d_2, d_3 を省いても整合的である．つまり，$(c_1, c_2, \cdots, c_9, x)$ は整合的であり，同様に $(c_1, c_2, \cdots, c_9, y)$ も整合的であるから，補題より x と y は同じ色である．

$c_1, c_2, \cdots, c_9$ をどのように選んでも，題意をみたす塗り方が 1 通り定まるので，答は $4^9 = \mathbf{262144}$ 通りである．

c_1	c_2	c_3	d_1
c_4	c_5	c_6	d_2
c_7	c_8	c_9	d_3
e_1	e_2	e_3	

【10】　[解答：$\dfrac{-3+\sqrt{33}}{6}$]

直線 DF と EG の交点を H とし，直線 AH と DE,BC の交点をそれぞれ I′,I とする．また，三角形 ADE の外接円と直線 AH の交点のうち A でない方を H′ とする．

求める値を x とすれば FG : BC $= x : 1$ である．AD : AB $=$ AE : AC より

DE // BC なので, IF : IG = I′D : I′E = IB : IC となる. よって IF : IB = IG : IC = FG : BC = $x : 1$ となり, IF · IG : IB · IC = $x^2 : 1$ である. 方べきの定理より IA · IH′ = IF · IG, IA · IH = IB · IC なので先の式とあわせて IH′ : IH = $x^2 : 1$ がわかる.

三角形 ABC は三角形 ADE を A を中心に $\frac{3}{2}$ 倍に拡大したものであり, H が三角形 ABC の外接円上にあることから H′ はこの拡大で H に移る. I′ は I に移ることとあわせると AH′ : AH = AI′ : AI = 2 : 3 がわかる. これと IH′ : IH = $x^2 : 1$ から, AI′ : I′I : IH′ : H′H = $4 - 6x^2 : 2 - 3x^2 : 3x^2 : 3 - 3x^2$ を得る. ゆえに FG : DE = HI : HI′ = $3 : 5 - 3x^2$ であり, DE : BC = 2 : 3 とあわせて FG : BC = $2 : 5 - 3x^2$ となる. FG : BC = $x : 1$ だったので, $2 : 5 - 3x^2 = x : 1$ がわかり, これを整理すると $3x^3 - 5x + 2 = 0$ を得る. B ≠ F より $x \neq 1$ であり, これと $3x^3 - 5x + 2 = (x - 1)(3x^2 + 3x - 2)$ から $3x^2 + 3x - 2 = 0$ となる. $x > 0$ に注意してこれを解くと $x = \dfrac{-3 + \sqrt{33}}{6}$ を得る.

【11】　[解答：25 種類]

$N = 2019^3$ とする. k を 1 以上 N 以下の整数, m を正の整数とする. km を N で割った余りが N 以上になることはないので, $f(k)$ を計算するときには N 未満の m についてのみ考えればよい. km を N で割った余りを $r_k(m)$ と書くことにする.

$k(N - m) + km$ は N の倍数なので, $r_k(m) = 0$ のとき $r_k(N - m) = 0$ である. また, $r_k(m) \neq 0$ のとき $r_k(N - m) = N - r_k(m)$ であり,

$$r_k(N - m) - (N - m) = -(r_k(m) - m)$$

となる. よって, $r_k(m) \neq 0, m$ のときは $r_k(m) > m$ と $r_k(N - m) > N - m$ のうちちょうど一方のみが成り立ち, $r_k(m) = 0, m$ のときはどちらも成り立たない. したがって, $r_k(m) = 0, m$ となるような 1 以上 N 未満の m の個数を $g(k)$ とすれば $f(k) = \dfrac{(N - 1) - g(k)}{2}$ となるので, $g(1), g(2), \cdots, g(N)$ のうちに現れる数が何種類かを数えればよいことになる.

以下, 整数 x, y に対して $\gcd(x, y)$ で x と y の最大公約数を表すことにする.

ただし, $\gcd(0,x)=x$ とする. $r_k(m)=0$ となるのは km が N の倍数となるとき
で, $r_k(m)=m$ となるのは $(k-1)m$ が N の倍数となるときなので, そのような
m の個数を考えればよい. km が N の倍数となることは m が $\dfrac{N}{\gcd(k,N)}$ の倍数
となることと同値であるが, このような 1 以上 N 未満の m は $\gcd(k,N)-1$ 個あ
る. また同様に $(k-1)m$ が N の倍数となるような m は $\gcd(k-1,N)-1$ 個あ
る. これらは $r_k(m)$ の値が異なるので重複せず, したがって $g(k)=\gcd(k,N)+$
$\gcd(k-1,N)-2$ である. $\gcd(k,N),\gcd(k-1,N)$ はともに N の約数であり,
互いに素である. したがって, $g(k)$ は N の互いに素な約数 2 つの和から 2 を
引いたものである.

まず, $\gcd(k,N),\gcd(k-1,N)$ のうち一方が 2019 の倍数のときもう一方は 1
である. また, k を 2019 の倍数であるような, 2019^3 の約数とすると, $g(k)=$
$k+1-2$ である.

次に, $\gcd(k,N),\gcd(k-1,N)$ がいずれも 2019 の倍数でないとき, それぞ
れは 3 のべき乗と 673 のべき乗である. また, 0 以上 3 以下の整数 i,j につい
て, k が $k\equiv 2\cdot 3^i \pmod{3^3}$, $k\equiv 673^j+1 \pmod{673^3}$ をともにみたすとする
と, $g(k)=3^i+673^j-2$ である. ただし, 中国剰余定理よりこのような k は必
ず存在することに注意する.

最後に, 前者と後者には重複がなく, それぞれの中にも重複がないことは簡
単にわかる.

以上より, 答は $3\cdot 3+4\cdot 4 = \mathbf{25}$ である.

【12】　[解答: 499 個]

$C\subset S$ を固定し, $F(\varnothing)=C$ である場合を考える. 与式で $A=\varnothing$ とすると
$F(C\cup B)=\varnothing$ より, $A\supset C$ ならば $F(A)=\varnothing$ となる. よって $A=C$ とすると
$F(B)=C\cap F(B)$ となり, したがって任意の $A\subset S$ について $F(A)\subset C$ が成り
立つ. また, 与式で $B=\varnothing$ とすると $F(F(A))=A\cap C$ であり, この式で A を
$F(A)$ で置き換えると $F(F(F(A)))=F(A)\cap C=F(A)$ が得られ, 一方両辺を
F の中に入れると $F(F(F(A)))=F(A\cap C)$ が得られる. これらより $F(A)=$
$F(A\cap C)$ となるので, F は C の部分集合の移る先のみで決定されることがわ
かる. 逆に任意の $X,Y\subset C$ に対して

$$F(F(X) \cup Y) = X \cap F(Y) \qquad\qquad (*)$$

が成り立っており，任意の $A \subset S$ に対して $F(A) = F(A \cap C) \subset C$ であったとすると，$X = A \cap C, Y = B \cap C$ として

$$F(F(A) \cup B) = F((F(X) \cup B) \cap C) = F(F(X) \cup Y) = X \cap F(Y)$$

$$= (A \cap C) \cap F(B) = A \cap F(B)$$

となるので，与式が成り立つ．したがって，任意の $X, Y \subset C$ に対して $(*)$ をみたすような C の部分集合全体から C の部分集合全体への対応 F をあらためて考えればよい．

このとき $F(F(X)) = X$ が成り立つので F は全単射で，また $(*)$ で X を $F(X)$ で置き換えると

$$F(X \cup Y) = F(X) \cap F(Y) \qquad\qquad (**)$$

が得られる．逆にこの 2 式をみたせば $(**)$ の X を再度 $F(X)$ で置き換えることで $(*)$ が復元されるので，この 2 式をみたす F を考えればよい．ここで $X \subset Y$ とすると $F(Y) = F(X) \cap F(Y)$ なので $F(X) \supset F(Y)$ であり，特に単射性より $X \subsetneq Y$ ならば $F(X) \supsetneq F(Y)$ である．$X = \varnothing$ から始めて X に $C \setminus X$ の要素を 1 つずつ追加していくことを考えると，$F(X)$ の要素数は狭義単調減少する (ただし，集合 U, V に対して $U \setminus V$ で U に含まれており V に含まれていない要素全体の集合を表す)．C の要素数と同じ回数この操作は行えるので，どの $x \in C$ に対しても $F(\{x\})$ の要素数は $(C$ の要素数$) - 1$ 以上である．しかし単射性より C と要素数が一致することはないので，この要素数は $(C$ の要素数$) - 1$ である．

したがって，$F(\{x\})$ には含まれない C の要素がちょうど 1 つ存在する．その要素を $f(x)$ で表す．このとき f は C から C への関数となる．また F の単射性より f も単射であり，C は有限集合なので全射でもある．ここで $F(F(X)) = X$ で $X = \varnothing$ とすると $F(C) = \varnothing$ が成り立つので $(*)$ において $X = \{x\}, Y = \{f(x)\}$ とすると左辺は $\varnothing$ となるため，$x \notin C \setminus \{f(f(x))\}$ となり $f(f(x)) = x$ が従う．また $X = \{x_1, \cdots, x_k\}$ であるとき $(**)$ を繰り返し用いると $F(X) =$

$C \setminus \{f(x_1), \cdots, f(x_k)\}$ であり，逆にこれによって定義される F は $F(F(X)) = X$ と $(**)$ をいずれもみたすことがわかる．したがって，$F(\varnothing) = C$ となるような F の個数は $f(f(x)) = x$ となるような C から C への関数 f の個数に等しい．

このような f の個数は $f(x) = y, f(y) = x$ となるような異なる x, y のペアをいくつか，要素が重複しないように定める場合の数に等しい．実際，ペアに入らなかった $z \in C$ に対しては $f(z) = z$ と定めればよく，逆にすべての f からこのようなペアが定まる．

ここで C の固定を外して F の個数を数えることを考える．C を先に決める必要はないので，これは，S の要素のうちからいくつかペアを作り，残ったそれ以外の要素を C の要素とするかどうか決める場合の数である．$2k$ 個から k 個のペアを作る方法の場合の数は，$2k$ 個を 1 列に並べてまだペアの定まっていないもののうち最も左端のものの相手を決める，という方法で数えると $(2k-1)(2k-3) \cdots 1$ である．よって，答は

$$_6\mathrm{C}_0 \cdot 2^6 + {}_6\mathrm{C}_2 \cdot 2^4 + {}_6\mathrm{C}_4 \cdot 3 \cdot 2^2 + {}_6\mathrm{C}_6 \cdot 5 \cdot 3 = 64 + 240 + 180 + 15 = \mathbf{499}$$

となる．

参考　今回は S の要素数が 6 の場合であったが，一般に $S = \{1, \cdots, n\}$ の場合についても上の議論は成立する．その場合の与式をみたす関数の個数を a_n とすると，漸化式 $a_{n+2} = 2a_{n+1} + (n+1)a_n$ が成り立つので，それを用いてもよい．この漸化式が成り立つことを示しておく．

a_{n+2} を解法のように組み合わせ的に数えると，$n+2$ を他の要素とペアにする場合はその要素の選び方が $n+1$ 通りで，残りの要素数が n なのであとの決め方が a_n 通り．$n+2$ を他の要素とペアにしない場合は，C の要素とする場合もしない場合もそれぞれ残りの要素の決め方が a_{n+1} 通りとなる．以上より，$a_{n+2} = 2a_{n+1} + (n+1)a_n$ が成り立つ．

1.4　第30回 日本数学オリンピック 予選 (2020)

<hr>

● 2020 年 1 月 13 日 [試験時間 3 時間，12 問]

1.　　千の位と十の位が 2 であるような 4 桁の正の整数のうち，7 の倍数はいくつあるか．

2.　　一辺の長さが 1 の正六角形 ABCDEF があり，線分 AB の中点を G とする．正六角形の内部に点 H をとったところ，三角形 CGH は正三角形となった．このとき三角形 EFH の面積を求めよ．

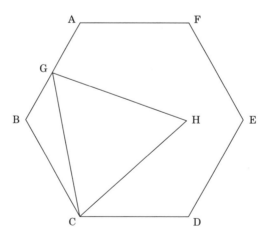

3.　　2 × 3 のマス目の各マスに 1 以上 6 以下の整数を重複しないように 1 つずつ書き込む．辺を共有して隣りあうどの 2 マスについても書き込まれた整数が互いに素になるように書き込む方法は何通りあるか．ただし，回転や裏返しにより一致する書き込み方も異なるものとして数える．

4.　　正の整数 n であって，n^2 と n^3 の桁数の和が 8 であり，n^2 と n^3 の各桁合わせて 1 以上 8 以下の整数がちょうど 1 個ずつ現れるようなものをすべて求めよ．

5.　　正の整数 n は 10 個の整数 $x_1, x_2, \cdots, x_{10}$ を用いて $(x_1^2 - 1)(x_2^2 - 2) \cdots (x_{10}^2 - 10)$ と書ける．このような n としてありうる最小の値を求めよ．

6.　　平面上に 3 つの正方形があり，図のようにそれぞれ 4 つの頂点のうち 2 つの頂点を他の正方形と共有している．ここで，最も小さい正方形の対角線を延長した直線は最も大きい正方形の左下の頂点を通っている．最も小さい正方形と最も大きい正方形の一辺の長さがそれぞれ $1, 3$ であるとき，斜線部の面積を求めよ．

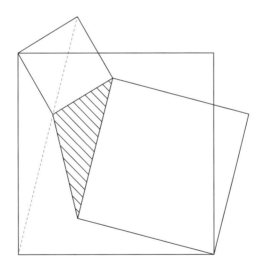

7.　　2×1010 のマス目の各マスに 1 以上 5 以下の整数を 1 つずつ書き込む．辺を共有して隣りあうどの 2 マスについても書き込まれた数の差が 2 または 3 となるように書き込む方法は何通りあるか．ただし，回転や裏返しにより一致する書き込み方も異なるものとして数える．

8.　　100 個の正の整数からなる数列 $a_1, a_2, \cdots, a_{100}$ が次をみたしている．

(i) $2 \leqq k \leqq 100$ なる整数 k に対し，$a_{k-1} < a_k$ である．

(ii) $6 \leqq k \leqq 100$ なる整数 k に対し，a_k は $2a_1, 2a_2, \cdots, 2a_{k-1}$ のいずれかである．

このとき a_{100} としてありうる最小の値を求めよ．

9.　　2 以上の整数に対して定義され 2 以上の整数値をとる関数 f であって，任意の 2 以上の整数 m, n に対して $f(m^{f(n)}) = f(m)^{f(n)}$ をみたすものを考える．このとき $f(6^6)$ としてありうる最小の値を求めよ．

10.　　8×8 のマス目を図のように白と黒の 2 色で塗り分ける．黒い駒 4 個と白い駒 4 個をそれぞれいずれかのマスに置き，以下の条件をみたすようにする方法は何通りあるか．

　　　　各行・各列にはちょうど 1 個の駒が置かれており，黒い駒は黒いマスに，白い駒は白いマスに置かれている．

　　ただし，同じ色の駒は区別せず，回転や裏返しにより一致する置き方も異なるものとして数える．

11.　　円 Ω の周上に 5 点 A, B, C, D, P がこの順にある．点 P を通り直線

AB に点 A で接する円と点 P を通り直線 CD に点 D で接する円が Ω の内部の点 K で交わっている. また線分 AB, CD の中点をそれぞれ M, N とすると, 3 点 A, K, N および D, K, M はそれぞれ同一直線上にあった. AK $= 5$, DK $= 3$, KM $= 7$ が成り立つとし, 直線 PK と Ω の交点のうち P でない方を Q とするとき, 線分 CQ の長さを求めよ. ただし, XY で線分 XY の長さを表すものとする.

12.　　　正の整数 k に対し, k 個の正の整数 $a_1, a_2, \cdots, a_k$ が次の条件をみたすとき**長さ k の良い数列**とよぶことにする.

- すべて 30 以下で相異（あい）なる.

- $i = 1, 2, \cdots, k-1$ に対し, i が奇数ならば a_{i+1} は a_i の倍数である. i が偶数ならば, a_{i+1} は a_i の約数である.

良い数列の長さとしてありうる最大の値を求めよ.

解答

【1】   [解答：14 個]

n を千の位と十の位が 2 であるような 4 桁の正の整数とする．n の百の位を a，一の位を b とすると $n = 2020 + 100a + b = 7(14a + 288) + 2a + b + 4$ となるから，n を 7 で割った余りは $2a + b + 4$ を 7 で割った余りと等しい．a, b を 7 で割った余りをそれぞれ a', b' とおくと n が 7 の倍数となるのは，

$$(a', b') = (0, 3), (1, 1), (2, 6), (3, 4), (4, 2), (5, 0), (6, 5)$$

となるときである．7 で割った余りが 0, 1, 2 である 1 桁の整数は 2 個ずつ，3, 4, 5, 6 である 1 桁の整数は 1 個ずつであるから，答は $2 \cdot 1 + 2 \cdot 2 + 2 \cdot 1 + 1 \cdot 1 + 1 \cdot 2 + 1 \cdot 2 + 1 \cdot 1 = \mathbf{14}$ 個である．

【2】   [解答：$\dfrac{\sqrt{3}}{8}$]

XY で線分 XY の長さを表すものとする．正六角形 ABCDEF の 6 つの頂点は同一円周上にあり，その円周を 6 等分している．その円の中心を O とおくと $\angle BOC = 60°$ が成り立ち，また OB = OC であるので三角形 OBC は正三角形であることがわかる．よって BC = OC および

$$\angle BCG = 60° - \angle GCO = \angle OCH$$

が成り立つ．また三角形 CGH が正三角形であることから CG = CH も成り立つので，三角形 BCG と OCH は合同とわかる．よって

$$\angle BOH = \angle BOC + \angle COH = 60° + 120° = 180°$$

といえる．また $\angle BOE = 180°$ であるので，4 点 B, O, H, E が同一直線上にあるとわかる．三角形 BCG と OCH が合同であることから $OH = BG = \dfrac{1}{2}$ であるので，点 H は線分 OE の中点とわかる．よって三角形 EFH の面積は三角形 OEF の面積のちょうど半分である．OE = OF = EF = 1 より三角形 OEF は一

辺の長さが 1 の正三角形であるので，三平方の定理より三角形 OEF の面積は

$$\frac{1}{2} \cdot 1 \cdot \sqrt{1^2 - \frac{1}{2^2}} = \frac{\sqrt{3}}{4}$$

とわかる．よって答は $\frac{\sqrt{3}}{4} \cdot \frac{1}{2} = \frac{\sqrt{3}}{8}$ である．

【3】 [解答：16 通り]

　偶数が書き込まれたマスたちは辺を共有しないから偶数は各列にちょうど 1 つずつ書き込まれる．したがって，2×3 のマス目を図のように黒と白の市松模様に塗れば，3 つの偶数はすべて黒色のマスに書き込まれるかすべて白色のマスに書き込まれるかのいずれかである．6 を中央の列の黒いマスに書き込んだとすると 3 は白いマスに書き込まれなければならないが，すべての白いマスは 6 の書き込まれたマスと辺を共有するから条件をみたすように整数を書き込むことはできない．したがって，6 を中央の列の黒いマスに書き込むことはできない．同様に，6 を中央の列の白いマスに書き込むこともできないから，6 は四隅のいずれかに書き込まれる．

6 を左上のマスに書き込むとする．このとき 3 は左上のマスと辺を共有しない白いマスに書き込まなければならないから右下のマスに書き込まれる．先の議論より，条件をみたすには残りの白いマス 2 つに 1 と 5 を書き込み，残りの黒いマス 2 つに 2 と 4 を書き込まなければならない．一方で 1 と 5 は 6 以下のすべての偶数と互いに素であり，2 と 4 は 6 以下のすべての奇数と互いに素であるから，このように整数を書き込めば必ず条件をみたす．したがって 6 を左上のマスに書き込むとき，条件をみたす整数の書き込み方は 4 通りである．6 をほかの隅のマスに書き込んだ場合も同様であるから，答は $4 \cdot 4 = \mathbf{16}$ 通りである．

【4】 [解答：24]

　21 以下の整数 n について

$$n^2 \leqq 21^2 = 441, \qquad n^3 \leqq 21^3 = 9261$$

が成り立つので n^2 と n^3 の桁数の和は 7 以下である．また 32 以上の整数 n について

$$n^2 \geqq 32^2 = 1024, \qquad n^3 \geqq 32^3 = 32768$$

が成り立つので n^2 と n^3 の桁数の和は 9 以上である．これらより問題の条件をみたす整数は 22 以上 31 以下であるとわかる．$n = 25, 26, 30, 31$ のとき，n^2 と n^3 の一の位は一致するのでこれらは問題の条件をみたさない．また 23^2, 27^2, 29^3 の一の位は 9 であるので，23, 27, 29 は問題の条件をみたさない．さらに $22^2 = 484$, $28^3 = 21952$ であり，各桁に同じ数字が 2 回以上現れるので 22, 28 も問題の条件をみたさない．一方 $24^2 = 576$, $24^3 = 13824$ より，24 は問題の条件をみたす．よって答は **24** である．

【5】　[解答：84]

$1 \leqq i \leqq 10$ に対し，整数 x を用いて $x^2 - i$ と書けるような 0 でない整数で絶対値が最小のものを a_i とする．また整数 x を用いて $x^2 - i$ と書けるような 0 でない整数で，a_i と正負が異なるようなもののうち絶対値が最小のものを b_i とおくと次のようになる．

$$
\begin{aligned}
(a_1, a_2, \cdots, a_{10}) &= (-1, -1, 1, -3, -1, -2, 2, 1, -5, -1), \\
(b_1, b_2, \cdots, b_{10}) &= (3, 2, -2, 5, 4, 3, -3, -4, 7, 6).
\end{aligned}
\tag{$*$}
$$

ここで正の整数 n が 10 個の整数 $x_1, x_2, \cdots, x_{10}$ を用いて $n = (x_1^2 - 1)(x_2^2 - 2) \cdots (x_{10}^2 - 10)$ と書けているとする．$1 \leqq i \leqq 10$ に対して，$n \neq 0$ なので $x_i^2 - i$ は 0 でないから $|x_i^2 - i| \geqq |a_i|$ である．また，1 以上 10 以下のすべての整数 i に対して $x_i^2 - i$ と a_i の正負が一致すると仮定すると，$n = (x_1^2 - 1)(x_2^2 - 2) \cdots (x_{10}^2 - 10)$ と $a_1 a_2 \cdots a_{10} = -60$ の正負が一致することとなり矛盾である．したがって，$x_j^2 - j$ と a_j の正負が異なるような $1 \leqq j \leqq 10$ が存在する．このとき，$|x_j^2 - j| \geqq |b_j|$ であるが，$(*)$ から $\left| \dfrac{b_j}{a_j} \right| \geqq \dfrac{7}{5}$ がわかるので，

$$n = |n| = |x_1^2 - 1||x_2^2 - 2| \cdots |x_{10}^2 - 10| \geqq \left| \frac{b_j}{a_j} \right| \cdot |a_1 a_2 \cdots a_{10}| \geqq \frac{7}{5} \cdot 60 = 84$$

となる．一方で $(x_1, x_2, \cdots, x_{10}) = (0, 1, 2, 1, 2, 2, 3, 3, 4, 3)$ とおくと $(x_1^2 - 1)(x_2^2 - 2) \cdots (x_{10}^2 - 10) = 84$ であるから，答は **84** である．

【6】　[解答 : $\dfrac{\sqrt{17} - 1}{4}$]

XY で線分 XY の長さを表すものとする．

図のように点に名前をつける．

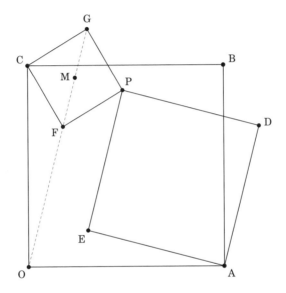

ここで M は線分 FG の中点である．三角形 PEF の面積が求めるものである．

直線 FG は線分 PC の垂直二等分線なので FG が O を通るという条件から OC = OP であるとわかる．よって三角形 POC は二等辺三角形であり，また OA = OC から三角形 POA も二等辺三角形である．ここから

$$\angle APC = \angle APO + \angle OPC = \frac{180° - \angle POA}{2} + \frac{180° - \angle POC}{2}$$

$$= \frac{360° - (\angle POA + \angle POC)}{2} = \frac{360° - \angle AOC}{2} = \frac{360° - 90°}{2} = 135°$$

と求まり，したがって $\angle FPE = \angle CPA - \angle CPF - \angle EPA = 45°$ である．また，$\angle PFG = 45° = \angle FPE$ なので，線分 FG と線分 EP は平行である．つまり線分 OF と線分 EP は平行である．

∠DEP = ∠FPE = 45° より線分 DE と線分 FP は平行である．また OA =
OC = OP から O は線分 PA の垂直二等分線，つまり直線 DE 上にあるので，
線分 OE と線分 FP が平行であるとわかる．よって四角形 OEPF は平行四辺形
である．特に求める面積は平行四辺形 OEPF の面積の $\frac{1}{2}$ であり，$\frac{\text{OF} \cdot \text{PM}}{2}$ で
ある．

ここで直角三角形 OMC に対して三平方の定理を用いると，

$$\text{OM} = \sqrt{\text{OC}^2 - \text{MC}^2} = \sqrt{3^2 - \left(\frac{\sqrt{2}}{2}\right)^2} = \sqrt{9 - \frac{1}{2}} = \sqrt{\frac{17}{2}}$$

がわかる．よって $\text{OF} = \text{OM} - \text{FM} = \sqrt{\frac{17}{2}} - \sqrt{\frac{1}{2}}$ が得られ，三角形 PEF の面
積は

$$\frac{\text{OF} \cdot \text{PM}}{2} = \frac{1}{2} \cdot \left(\sqrt{\frac{17}{2}} - \sqrt{\frac{1}{2}}\right) \cdot \sqrt{\frac{1}{2}} = \frac{\sqrt{17} - 1}{4}$$

と求まる．

【7】　[解答：$10 \cdot 3^{1009}$ 通り]

条件をみたす書き込み方を考えると，各列に縦に並ぶ数字の組としてありう
るものは

$$(1,3), (1,4), (2,4), (2,5), (3,1), (3,5), (4,1), (4,2), (5,2), (5,3)$$

の 10 組ある．これらの組について列として隣りあうことができるものを結ぶ
と次のようになる．

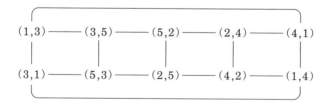

どの組についても，結ばれている組はちょうど 3 つあることがわかる．

左の列から順に書き込んでいくことを考えると，1 列目の書き込み方は 10 通
りあり，それ以降の列については 3 通りずつあるので，答は **$10 \cdot 3^{1009}$** 通りで

ある.

【8】　[解答 : $2^{19} \cdot 9$]

　正の整数 100 個からなる数列 $a_1, a_2, \cdots, a_{100}$ が条件をみたしているとして $a_{100} \geqq 2^{19} \cdot 9$ を示す. $a_{100} < 2^{19} \cdot 9$ であるとして矛盾を導く. (ii) から帰納的に, 数列に現れる整数は非負整数 k および 1 以上 5 以下の整数 ℓ を用いて $2^k \cdot a_\ell$ と書けることがわかる. このように書ける a_5 より大きい整数の中で 95 番目に小さいものは $2^{19} \cdot a_5$ 以上であることを示す. a_5 より大きく $2^{19} \cdot a_5$ 以下であって $2^k \cdot a_\ell$ と書けるような整数が 96 個以上存在するとする. このとき $\dfrac{96}{5} > 19$ であるから, ある ℓ に対して 20 個の非負整数 $k_1 < \cdots < k_{20}$ であって $a_5 < 2^{k_1} \cdot a_\ell$ かつ $2^{k_{20}} \cdot a_\ell \leqq 2^{19} \cdot a_5$ となるようなものが存在する. しかしこのとき

$$2^{k_{20}-k_1} = \frac{2^{k_{20}} \cdot a_\ell}{2^{k_1} \cdot a_\ell} < \frac{2^{19} \cdot a_5}{a_5} = 2^{19}$$

となり, $k_{20} \geqq k_{19} + 1 \geqq \cdots \geqq k_1 + 19$ に矛盾する. したがって, $2^{19} \cdot a_5 \leqq a_{100} < 2^{19} \cdot 9$ であることが示された. これより $a_5 \leqq 8$ となる. しかし, $2 = 2 \cdot 1, 4 = 2^2 \cdot 1, 6 = 2 \cdot 3$ であるから, 数列に現れる整数は $s \in \{1, 3, 5, 7\}$ と非負整数 k を用いて $2^k \cdot s$ と書けることがわかる. このように書ける整数が $2^{19} \cdot 9$ より小さいとき, $2^k \leqq 2^k \cdot s < 2^{19} \cdot 9 < 2^{23}$ より $k < 23$ であるから, そのような整数は高々 $23 \cdot 4 = 92$ 個である. よって $a_{100} \geqq 2^{19} \cdot 9$ となり矛盾する. 以上より $a_{100} \geqq 2^{19} \cdot 9$ が示された.

　一方, $0 \leqq i \leqq 19$ と $1 \leqq j \leqq 5$ をみたす整数 i, j に対して

$$a_{5i+j} = 2^i \cdot (4 + j)$$

により定めた数列は条件をみたし, $a_{100} = 2^{19} \cdot 9$ が成立する. よって答は $\mathbf{2^{19} \cdot 9}$ である.

【9】　[解答 : 4]

　f を条件をみたす関数とする. $f(6^6) = 2$ が成立すると仮定すると,

$$2 = f(6^6) = f\left((6^3)^2\right) = f\left((6^3)^{f(6^6)}\right) = f(6^3)^{f(6^6)} = f(6^3)^2 \geqq 2^2 = 4$$

となり矛盾する. また, $f(6^6) = 3$ が成立すると仮定すると,

$$3 = f(6^6) = f\left((6^2)^3\right) = f\left((6^2)^{f(6^6)}\right) = f(6^2)^{f(6^6)} = f(6^2)^3 \geqq 2^3 = 8$$

となり矛盾する．よって $f(6^6) \geqq 4$ がわかる．

2 以上の整数 n に対して，$n = k^e$ をみたす 2 以上の整数 k が存在するような正の整数 e のうち最大のものを $e(n)$ と書く．正の整数に対して定義され正の整数値をとる関数 h を次のように定める．

$$h(a) = \begin{cases} \dfrac{a}{6} & (a = 6 \cdot 4^b \text{ となるような非負整数 } b \text{ が存在するとき}), \\ a & (\text{それ以外のとき}). \end{cases}$$

2 以上の整数に対して定義され 2 以上の整数値をとる関数 f を $f(n) = 4^{h(e(n))}$ により定める．このとき，$e(m)$ が非負整数 b を用いて $6 \cdot 4^b$ と書けることと，$e(m) \cdot 4^{h(e(n))}$ が非負整数 c を用いて $6 \cdot 4^c$ と書けることは同値であるので，任意の 2 以上の整数 m, n に対して

$$h(e(m) \cdot 4^{h(e(n))}) = h(e(m)) \cdot 4^{h(e(n))}$$

が成立するとわかる．よって

$$f(m^{f(n)}) = 4^{h(e(m^{f(n)}))} = 4^{h(e(m)f(n))} = 4^{h(e(m))f(n)}$$

$$= (4^{h(e(m))})^{f(n)} = f(m)^{f(n)}$$

より f は条件をみたす．また，この f に対して，$f(6^6) = 4^{h(e(6^6))} = 4^{h(6)} = 4^1 = 4$ であるから，答は **4** である．

【10】　[解答：20736 通り]

　上から i 行目，左から j 列目のマスをマス (i, j) と書くことにする．

　$s, t \in \{0, 1\}$ に対して，$i \equiv s \pmod 2$, $j \equiv t \pmod 2$ となるようなマス (i, j) に置かれている駒の数を $a_{s,t}$ で表すことにする．偶数行目には合計 4 個，偶数列目にも合計 4 個の駒が置かれているから，$a_{0,0} + a_{0,1} = 4$, $a_{0,0} + a_{1,0} = 4$ である．したがって $a_{0,1} = a_{1,0}$ となる．また，$i + j$ が偶数のときマス (i, j) は黒いマスであり，$i + j$ が奇数のときマス (i, j) は白いマスであるから，$a_{0,0} + a_{1,1} = 4$, $a_{0,1} + a_{1,0} = 4$ である．以上より，$a_{0,0} = a_{0,1} = a_{1,0} = a_{1,1} = 2$ となる．つ

まり，黒い駒は偶数行偶数列，奇数行奇数列にそれぞれ 2 個ずつ，白い駒は偶数行奇数列，奇数行偶数列にそれぞれ 2 個ずつ置かれる．一方でそのように駒を置いたとき，各行・各列に 1 個ずつ置かれていれば条件をみたしている．

黒い駒を置く行を偶数行目から 2 行，奇数行目から 2 行選び，列についても同様にそれぞれ 2 列ずつ選んだとする．行と列の選び方によらず，黒いマスに黒い駒を 4 個置いて，選んだ行および列にちょうど 1 個ずつあるようにする方法は $2! \cdot 2! = 4$ 通りである．白い駒についても同様であり，行と列の選び方はそれぞれ $({}_4\mathrm{C}_2)^2 = 36$ 通りであるから，答は $4 \cdot 4 \cdot 36 \cdot 36 = \mathbf{20736}$ 通りとなる．

【11】　[解答：11]

四角形 PQCD が円に内接するので $\angle\mathrm{PQC} = 180° - \angle\mathrm{PDC}$ が成り立つ．また接弦定理より $\angle\mathrm{PKD} = 180° - \angle\mathrm{PDC}$ が成り立つので $\angle\mathrm{PQC} = \angle\mathrm{PKD}$ とわかる．よって KD // QC を得る．同様に KA // QB を得る．直線 MK と BQ の交点を E とすると KA // QB より錯角が等しく $\angle\mathrm{MAK} = \angle\mathrm{MBE}$ が成り立つ．また，M が線分 AB の中点であり，$\angle\mathrm{AMK} = \angle\mathrm{BME}$ が成り立つことから三角形 MAK と MBE は合同である．よって EK = 2MK = 14 を得る．直線 NK と CQ の交点を F とすると，四角形 EQFK は対辺どうしが平行であるので平行四辺形であるとわかる．よって QF = EK = 14 が成り立つ．KD // QC であることと N が線分 CD の中点であることから，上と同様に錯角が等しいことを利用すると三角形 NDK と NCF は合同であるといえ，CF = KD = 3 を得る．よって CQ = QF − CF = 14 − 3 = **11** である．

【12】　[解答：23]

正の整数 x, y に対し，x と y のうち大きい方を $\max(x,y)$ で表す．ただし，$x = y$ のときは $\max(x,y) = x$ とする．

$a_1, a_2, \cdots, a_k$ を良い数列とする．3 以上 $k-1$ 以下の奇数 i について a_{i-1}, a_i, a_{i+1} は相異なり，a_{i-1} と a_{i+1} は a_i の倍数であるから，

$$3a_i \leqq \max(a_{i-1}, a_{i+1}) \leqq 30$$

より $a_i \leqq 10$ を得る．$k \geqq 24$ とすると，$a_3, a_5, a_7, \cdots, a_{23}$ が相異なる 1 以上 10 以下の整数でなければならないが，このようなことはあり得ない．したがって

$k \leqq 23$ である.

一方で,

11, 22, 1, 25, 5, 20, 10, 30, 6, 18, 9, 27, 3, 24, 8, 16, 4, 28, 7, 14, 2, 26, 13

は長さ 23 の良い数列であるから,答は **23** である.

1.5 第31回 日本数学オリンピック 予選 (2021)

● 2021年1月11日 [試験時間 3時間, 12問]

1. 互いに素な正の整数 m, n が $m + n = 90$ をみたすとき, 積 mn として
ありうる最大の値を求めよ.

2. 下図のような正十角形がある. 全体の面積が1のとき, 斜線部の面積
を求めよ.

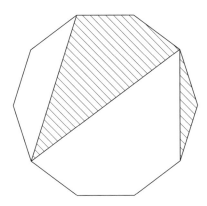

3. $AB = AC$ なる二等辺三角形 ABC の内部に点 P をとり, P から辺 BC,
CA, AB におろした垂線の足をそれぞれ D, E, F とする. $BD = 9, CD =$
$5, PE = 2, PF = 5$ のとき, 辺 AB の長さを求めよ. ただし, XY で線分
XY の長さを表すものとする.

4. 黒板に3つの相異なる正の整数が書かれている. 黒板に実数 a, b, c が
書かれているとき, それぞれを $\dfrac{b+c}{2}, \dfrac{c+a}{2}, \dfrac{a+b}{2}$ に同時に書き換える

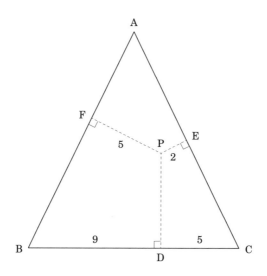

という操作を考える．この操作を 2021 回行ったところ，最後に黒板に書かれた 3 つの数はすべて正の整数だった．このとき，最初に書かれていた 3 つの正の整数の和としてありうる最小の値を求めよ．

5.　下図のように，一辺の長さが 1 の立方体 4 個からなるブロックが 4 種類ある．このようなブロック 4 個を 2 × 2 × 4 の直方体の箱にはみ出さないように入れる方法は何通りあるか．

　　ただし，同じ種類のブロックを複数用いてもよく，ブロックは回転させて入れてもよい．また，箱を回転させて一致する入れ方は異なるものとして数える．

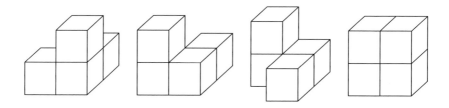

6.　正の整数 n に対して，正の整数 m であって m と n が互いに素であり，$m+1$ と $n+1$ も互いに素となるようなもののうち最小のものを $f(n)$ で

表す．このとき，$f(1), f(2), \cdots, f(10^{10})$ のうちに現れる正の整数は何種類あるか．

7.　三角形 ABC の辺 BC 上に点 P, Q があり，三角形 ACP の垂心と三角形 ABQ の垂心は一致している．AB = 10, AC = 11, BP = 5, CQ = 6 のとき，辺 BC の長さを求めよ．

　ただし，XY で線分 XY の長さを表すものとする．

8.　2 以上 20 以下の整数の組 $(a_1, a_2, \ldots, a_{17})$ であって，

$$a_1^{a_2^{\cdot^{\cdot^{a_{17}}}}} \equiv a_2^{a_3^{\cdot^{\cdot^{a_{17}}}}} \equiv 1 \pmod{17}$$

となるものの個数を求めよ．ただし，指数は右上にある 2 数から順に計算する．

9.　2021×2021 のマス目の各マスに 1, 2, 3 の数を 1 つずつ書き込む方法であって，どの 2×2 のマス目についても，その 4 マスに書かれている数の総和が 8 になるようなものが全部で A 通りあるとする．このとき，A を 100 で割った余りを求めよ．

　ただし，回転や裏返しにより一致する書き込み方も異なるものとして数える．

10.　三角形 ABC の辺 AB, AC 上にそれぞれ点 D, E があり，4 点 D, B, C, E は同一円周上にある．また，四角形 DBCE の内部に点 P があり，∠BDP = ∠BPC = ∠PEC をみたしている．AB = 9, AC = 11, DP = 1, EP = 3 のとき，$\dfrac{\text{BP}}{\text{CP}}$ の値を求めよ．

　ただし，XY で線分 XY の長さを表すものとする．

11.　1 以上 1000 以下の整数からなる組 (x, y, z, w) すべてについて，$xy + zw$, $xz + yw$, $xw + yz$ の最大値を足し合わせた値を M とする．同様に，1 以上 1000 以下の整数からなる組 (x, y, z, w) すべてについて，$xy + zw$, $xz + yw$, $xw + yz$ の最小値を足し合わせた値を m とする．このとき，$M - m$ の正の約数の個数を求めよ．

12. 7×7のマス目があり，上から1行目，左から4列目のマスに1枚のコインが置かれている．マス Y がマス X の**左下のマス**であるとは，ある正の整数 k について，Y が X の k マス左，k マス下にあることをいう．同様に，マス Y がマス X の**右下のマス**であるとは，ある正の整数 k について，Y が X の k マス右，k マス下にあることをいう．1番下の行以外のマス X について，X にコインが置かれているとき次の4つの操作のうちいずれかを行うことができる：

(a) X からコインを取り除き，X の1つ下のマスにコインを1枚置く．

(b) X からコインを取り除き，X の左下のマスそれぞれにコインを1枚ずつ置く．

(c) X からコインを取り除き，X の右下のマスそれぞれにコインを1枚ずつ置く．

(d) X からコインを取り除き，X の1マス左，1マス下にあるマスと X の1マス右，1マス下にあるマスにコインを1枚ずつ置く．ただし，そのようなマスが1つしかない場合はそのマスのみにコインを1枚置く．

ただし，コインを置こうとする場所にすでにコインがある場合，その場所にはコインを置かない．

操作を何回か行ったとき，マス目に置かれているコインの枚数としてありうる最大の値を求めよ．

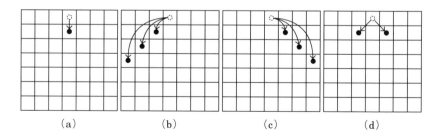

(a)　　　　(b)　　　　(c)　　　　(d)

解答

【1】 [解答：2021]

$(m, n) = (43, 47)$ は条件をみたし，このとき $mn = 2021$ である．一方で，

$$mn = \left(\frac{m+n}{2}\right)^2 - \left(\frac{m-n}{2}\right)^2 = 45^2 - \left(\frac{m-(90-m)}{2}\right)^2 = 2025 - (m-45)^2$$

より，$|m-45|$ が小さいほど mn は大きくなる．$|m-45| \leqq 1$ のとき $(m, n) = (44, 46), (45, 45), (46, 44)$ となるが，m と n が互いに素でないからこれらは条件をみたさない．したがって，

$$mn = 2025 - (m-45)^2 \leqq 2025 - 2^2 = 2021$$

を得る．以上より，答は **2021** である．

【2】 [解答：$\dfrac{2}{5}$]

図のように点に名前をつける．ここで O は直線 AF と直線 DI の交点である．

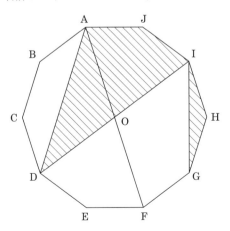

正十角形の 10 個の頂点は O を中心とする円の円周上にあり，その円周を 10 等分している．よって円周角の定理より $\angle \mathrm{FAD} = \dfrac{1}{2} \cdot \dfrac{2}{10} \cdot 360° = 36°$, $\angle \mathrm{CDA} =$

$\dfrac{1}{2} \cdot \dfrac{2}{10} \cdot 360° = 36°$ とわかるので AF // CD を得る．よって三角形 AOD の面積と三角形 AOC の面積は等しい．また三角形 GHI と三角形 ABC は合同であるから，斜線部の面積は六角形 ABCOIJ の面積と等しいといえる．正十角形は三角形 OAB と合同な三角形 10 個に，六角形 ABCOIJ は三角形 OAB と合同な三角形 4 個に分割できるので，求める面積は $1 \cdot \dfrac{4}{10} = \dfrac{2}{5}$ とわかる．

【3】　[解答：$4\sqrt{7}$]

　BC の中点を M とし，P を通り辺 BC に平行な直線と辺 AB, AC との交点をそれぞれ Q, R とする．AB = AC より $\angle$ABM $= \angle$AQP $= \angle$ARP なので，三角形 AMB，三角形 PFQ，三角形 PER はすべて相似な直角三角形である．これより PQ : PR = PF : PE = 5 : 2 がわかる．また四角形 BCRQ は等脚台形であり線分 PD はその底辺と垂直なので，PQ − PR = BD − CD = 4 である．よって，PQ $= 4 \cdot \dfrac{5}{5-2} = \dfrac{20}{3}$ となり，AB : AM = PQ : PF = 4 : 3 を得る．

　三平方の定理より，AB : BM = AB : $\sqrt{\text{AB}^2 - \text{AM}^2}$ $= 4 : \sqrt{4^2 - 3^2} = 4 : \sqrt{7}$ が成り立つので，辺 AB の長さは BM $\cdot \dfrac{\text{AB}}{\text{BM}} = \dfrac{9+5}{2} \cdot \dfrac{4}{\sqrt{7}} = \boldsymbol{4\sqrt{7}}$ である．

【4】　[解答：$3 \cdot 2^{2021} + 3$]

　最初の状態を 0 回の操作の後とみなす．0 以上 2021 以下の整数 n に対して，n 回の操作の後，黒板に書かれている 3 つの数を $a \leqq b \leqq c$ として $p_n = c - b$，$q_n = b - a$ とおく．この状態で 1 回操作を行うと，書かれる 3 つの数は $\dfrac{a+b}{2} \leqq \dfrac{a+c}{2} \leqq \dfrac{b+c}{2}$ なので，$p_{n+1} = \dfrac{b-a}{2} = \dfrac{q_n}{2}$，$q_{n+1} = \dfrac{c-b}{2} = \dfrac{p_n}{2}$ となる．よって，$p_{2021} = \dfrac{q_0}{2^{2021}}$，$q_{2021} = \dfrac{p_0}{2^{2021}}$ がわかる．最初に書かれていた数は相異なり，p_0, q_0 はともに 0 でないので，p_{2021}, q_{2021} もともに 0 ではない．さらに 2021 回の操作の後に黒板に書かれている数はすべて正の整数なので，p_{2021}, q_{2021} はともに 1 以上で，p_0, q_0 がともに 2^{2021} 以上であることがわかる．最初に書かれた数のうち最も小さいものは 1 以上なので，3 つの数の和は，$1 + (1 + 2^{2021}) + (1 + 2 \cdot 2^{2021}) = 3 \cdot 2^{2021} + 3$ 以上である．

　逆に，$1, 1 + 2^{2021}, 1 + 2 \cdot 2^{2021}$ が最初に書かれていれば条件をみたすことを示す．先の議論から，$p_{2021} = 1$，$q_{2021} = 1$ である．また，操作によって 3 つの

数の和が変わらないので，2021 回の操作の後の和も $3 \cdot 2^{2021} + 3$ である．よっ
て 2021 回の操作の後に書かれている整数は $2^{2021}, 2^{2021}+1, 2^{2021}+2$ であるこ
とがわかり，これらはすべて整数である．以上より答は $\mathbf{3 \cdot 2^{2021} + 3}$ である．

【5】　[解答：379]

　一辺の長さが 1 の立方体を**小立方体**とよぶことにする．また，箱を 16 個の
小立方体からなる図形とみなし，このうち 8 個が集まってできる一辺の長さが
2 の立方体を**中立方体**とよぶことにする．

　箱の中に 4 つのブロックが入っているときについて考える．それぞれのブ
ロックに対して，そのブロックを含む中立方体が存在する．このような中立方
体を 1 つとり，そのブロックの**外接中立方体**とよぶことにする．外接中立方体
は全部で 4 つあるが，中立方体は 3 つしか存在しないので，鳩の巣原理により，
共通の外接中立方体をもつ 2 つのブロックが存在する．2 つのブロックの体積
の合計は中立方体の体積と等しいので，これらの 2 つのブロックを組み合わせ
ると中立方体ができることがわかる．

　ここで，2 つのブロックを組み合わせて中立方体を作る方法が何通りあるか
考える．まず，1 つ目のブロックと 2 つ目のブロックの順番を区別して考える．
下図のように，4 種類のブロックをそれぞれ (a), (b), (c), (d) と表す．1 つ目の
ブロックの位置を決めたとき，それと組み合わさって中立方体を形成するよう
な 2 つ目のブロックが存在するならばその形と向きは一意に定まることに注意
する．

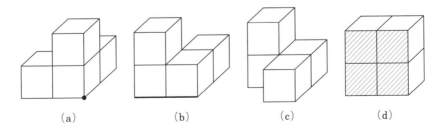

　　(a)　　　　　　(b)　　　　　　(c)　　　　　　(d)

- 1 つ目のブロックが (a) であるとき，図の黒点が中立方体のどの頂点と重
  なるかと 1 つ目のブロックの置き方は 1 対 1 に対応する．また，このと

き (a) をもう 1 つ組み合わせて中立方体を作ることができる．立方体の頂点は 8 個あるので，組み合わせ方は 8 通りある．

- 1 つ目のブロックが (b) であるとき，図の太線が中立方体のどの辺と重なるかと 1 つ目のブロックの置き方は 1 対 1 に対応する．また，このとき (b) をもう 1 つ組み合わせて中立方体を作ることができる．立方体の辺は 12 個あるので，組み合わせ方は 12 通りある．

- 1 つ目のブロックが (c) であるとき，対称性より，(b) と同様に考えて組み合わせ方は 12 通りある．

- 1 つ目のブロックが (d) であるとき，図の斜線部が中立方体のどの面と重なるかと 1 つ目のブロックの置き方は 1 対 1 に対応する．また，このとき (d) をもう 1 つ組み合わせて中立方体を作ることができる．立方体の面は 6 個あるので，組み合わせ方は 6 通りある．

したがって，2 つのブロックの組み合わせ方は全部で $8 + 12 + 12 + 6 = 38$ 通りあり，1 つ目のブロックと 2 つ目のブロックの順番を区別しないで数えると，組み合わせ方は全部で $38 \div 2 = 19$ 通りある．

最後に，2 つのブロックを組み合わせてできる中立方体が箱のどの位置にあるかで場合分けする．箱の 2×2 の 2 つの面をそれぞれ**上面**，**下面**とよぶことにし，3 つの中立方体のうち上面を含むものを A，下面を含むものを B，どちらも含まないものを C とおく．A が 2 つのブロックからなるとき B も 2 つのブロックからなる．逆に，B が 2 つのブロックからなるとき A も 2 つのブロックからなる．よって，ブロックを入れる方法の数は A と B が 2 つのブロックからなるように入れる方法の数と，C が 2 つのブロックからなるように入れる方法の数を足して，A と B と C のすべてが 2 つのブロックからなるように入れる方法の数を引いた数である．

- A と B が 2 つのブロックからなるとき，ブロックを入れる方法は $19 \times 19 = 361$ 通りである．

- C が 2 つのブロックからなるとき，残りの 2 つのブロックはいずれも (d)

であるので，ブロックを入れる方法は 19 通りである．

- A と B と C のすべてが 2 つのブロックからなるとき，4 つの (d) が，$2 \times$ 2 の面が上面と平行になるように入れられているときなので，ブロックを入れる方法は 1 通りである．

以上より，答は $361 + 19 - 1 = \mathbf{379}$ 通りである．

【6】 [解答：11]

正の整数 n について，$n+1$ を割りきらない最小の素数を p としたとき，$f(n) = p-1$ となることを示す．任意の 1 以上 $p-1$ 未満の整数 m について，$2 \leqq m+1 < p$ より，$m+1$ は p 未満の素因数 q をもつ．p の定義より q は $n+1$ を割りきるので，$m+1$ と $n+1$ は互いに素でない．よって，$f(n) \geqq p-1$ である．一方，任意の $p-1$ の素因数は p 未満なので $n+1$ を割りきり，したがって n を割りきらないので $p-1$ と n は互いに素である．さらに p は $n+1$ を割りきらない素数なので p と $n+1$ も互いに素である．以上より，$f(n) = p-1$ が示された．

n 番目に小さい素数を p_n とし，正の整数 k について $a_k = p_1 p_2 \cdots p_k - 1$ とすると，$\{a_k\}$ は単調増加で，

$$a_{10} = (2 \times 3 \times 5) \times (7 \times 11 \times 13) \times 17 \times 19 \times 23 \times 29 - 1$$

$$< 30 \times 1001 \times 20 \times 20 \times 25 \times 30 = 9009 \times 10^6$$

$$a_{11} = (2 \times 3 \times 5) \times (7 \times 11 \times 13) \times 17 \times 19 \times 23 \times 29 \times 31 - 1$$

$$\geqq 30 \times 1000 \times 10 \times 10 \times 20 \times 20 \times 30 = 36 \times 10^9$$

である．特に $a_{10} < 10^{10} < a_{11}$ となる．任意の 1 以上 10^{10} 以下の整数 n について $n+1$ は a_{11} 以下なので，$p_1, p_2, \cdots, p_{11}$ のいずれかでは割りきれない．したがって，ある 1 以上 11 以下の整数 k を用いて $f(n) = p_k - 1$ と書ける．

一方，任意の 1 以上 10 以下の整数 k について $a_k \leqq 10^{10}$ であり，$a_k + 1 = p_1 p_2 \cdots p_k$ を割りきらない最小の素数は p_{k+1} であるので $f(a_k) = p_{k+1} - 1$ となる．さらに $f(2) = 1 = p_1 - 1$ であるから，任意の 1 以上 11 以下の整数 k について，$f(n) = p_k - 1$ となる 1 以上 10^{10} 以下の整数 n が存在する．以上より，

$f(1), f(2), \cdots f(10^{10})$ のうちには $p_1 - 1, p_2 - 1, \cdots p_{11} - 1$ の **11** 種類の正の整数が現れる.

【7】　[解答：$\sqrt{231}$]

　三角形 ABC の垂心を H とし，三角形 ABQ と三角形 ACP の共通する垂心を K とする．また，A から直線 BC におろした垂線の足を D とする．定義より，A, D, H, K は同一直線上にある.

　AB = 10, AC = 11, BC > 5 であるので，∠B と ∠C はともに 90° より小さい．したがって，D は辺 BC 上にあり，D と H は異なる．また，D と K が一致していると仮定すると，2 点 P, Q がいずれも D と一致し，三平方の定理より $AB^2 - BP^2 = AD^2 = AC^2 - CQ^2$ となるが，$10^2 - 5^2 \neq 11^2 - 6^2$ よりこれは矛盾である．よって，D と K も異なる.

　いま 2 直線 BH, PK はいずれも辺 AC と垂直である．よって，この 2 直線は平行であり，DB : BP = DH : HK となる．同様にして 2 直線 CH, QK も平行であるので，DC : CQ = DH : HK となる．以上より DB : BP = DC : CQ がわかり，DB : DC = BP : CQ = 5 : 6 となる．実数 t を用いて DB = 5t, DC = 6t とおくと，三角形 ABD と三角形 ACD について三平方の定理を用いることで $10^2 - (5t)^2 = 11^2 - (6t)^2$ を得る．求める長さは BC = 11t であるから，答は $\sqrt{\mathbf{231}}$ である.

【8】　[解答：$2042 \cdot 19^{14}$ 個]

　まず，以下の補題を示す.

　補題　整数 a, b, c があり，$a \not\equiv 0 \pmod{17}, b \geq 1, c \geq 4$ をみたしているとする．このとき $a^{b^c} \equiv 1 \pmod{17}$ であることと $a \equiv 1 \pmod{17}$ または b が偶数であることは同値である.

　証明　$a \equiv 1 \pmod{17}$ のときは明らかに $a^{b^c} \equiv 1 \pmod{17}$ である．また，b が偶数であるとき，$c \geq 4$ より b^c は 16 の倍数となる．フェルマーの小定理より $a^{16} \equiv 1 \pmod{17}$ が成り立つので $a^{b^c} \equiv 1 \pmod{17}$ が従う．逆に $a^{b^c} \equiv 1 \pmod{17}$ であるとき，$a^d \equiv 1 \pmod{17}$ となる最小の正の整数 d がとれる．$a \not\equiv 1 \pmod{17}$ のとき $d \neq 1$ である．b^c が d の倍数でないと仮定すると b^c は非負整数 s と 1 以上 d 未満の整数 t を用いて $b^c = sd + t$ と書けるので，

$$a^t \equiv (a^d)^s \cdot a^t = a^{b^c} \equiv 1 \pmod{17}$$

となり d の最小性に矛盾する. よって b^c は d の倍数である. 同様に 16 は d の倍数であり, $d \neq 1$ より d が偶数とわかる. したがって b^c は偶数なので, b は偶数である.

$a_1 \equiv 0 \pmod{17}$ または $a_2 \equiv 0 \pmod{17}$ のときは明らかに条件をみたさない. 以下, $a_1 \not\equiv 0 \pmod{17}$ かつ $a_2 \not\equiv 0 \pmod{17}$ であるとする. また

$$c_1 = a_3^{a_4^{\cdot^{\cdot^{\cdot^{a_{17}}}}}}, \quad c_2 = a_4^{a_5^{\cdot^{\cdot^{\cdot^{a_{17}}}}}}$$

とおくと, $c_1 \geq 2^2 = 4$, $c_2 \geq 2^2 = 4$ が成り立つ.

a_2 の偶奇で場合分けをする.

- a_2 が奇数のとき.

  補題より $a_1^{a_2^{c_1}} \equiv 1 \pmod{17}$ であることは $a_1 \equiv 1 \pmod{17}$ であることと同値である. また $a_2 \neq 18$ から $a_2 \not\equiv 1 \pmod{17}$ なので, 補題より $a_2^{a_3^{c_2}} \equiv 1 \pmod{17}$ であることは a_3 が偶数であることと同値である. よって条件をみたす組は $1 \cdot 8 \cdot 10 \cdot 19^{14} = 80 \cdot 19^{14}$ 個ある.

- a_2 が偶数のとき.

  $a_1 \not\equiv 0 \pmod{17}$ より, 補題から $a_1^{a_2^{c_1}} \equiv 1 \pmod{17}$ が成り立つ. また, 補題より $a_2^{a_3^{c_2}} \equiv 1 \pmod{17}$ であることは $a_2 \equiv 1 \pmod{17}$ または a_3 が偶数であることと同値である. よって条件をみたす組は $18 \cdot 1 \cdot 19^{15} + 18 \cdot 9 \cdot 10 \cdot 19^{14} = 1962 \cdot 19^{14}$ 個ある.

以上より条件をみたす組は $80 \cdot 19^{14} + 1962 \cdot 19^{14} = \mathbf{2042 \cdot 19^{14}}$ 個ある.

【9】 [解答 : 3]

$1 \leq i \leq 2021$, $1 \leq j \leq 2021$ に対して, 上から i 行目, 左から j 列目のマスを (i, j) で表し, (i, j) に書き込まれた数を $f(i, j)$ で表す. さらに,

$$g(i, j) = \begin{cases} f(i, j) & (i + j \text{ が偶数のとき}), \\ 4 - f(i, j) & (i + j \text{ が奇数のとき}) \end{cases}$$

と定める．このとき各 i, j について $g(i,j)$ は 1, 2, 3 のいずれかであり，$1 \leqq i \leqq$ 2020, $1 \leqq j \leqq 2020$ について，$f(i,j) + f(i,j+1) + f(i+1,j) + f(i+1,j+1) = 8$ であるから，$i+j$ が偶数のとき，

$$g(i+1,j) - g(i,j) = (4 - f(i+1,j)) - f(i,j)$$
$$= f(i+1,j+1) - (4 - f(i,j+1))$$
$$= g(i+1,j+1) - g(i,j+1)$$

であり，$i+j$ が奇数のとき，

$$g(i+1,j) - g(i,j) = f(i+1,j) - (4 - f(i,j))$$
$$= (4 - f(i+1,j+1)) - f(i,j+1)$$
$$= g(i+1,j+1) - g(i,j+1)$$

となる．よって，いずれの場合も

$$g(i+1,j) - g(i,j) = g(i+1,j+1) - g(i,j+1) \tag{$*$}$$

が成り立つ．逆に，$1 \leqq i \leqq 2021$, $1 \leqq j \leqq 2021$ に対して 1, 2, 3 いずれかの値 $g(i,j)$ を定める方法であって，$1 \leqq i \leqq 2020$, $1 \leqq j \leqq 2020$ に対して $(*)$ をみたすものを考えると，(i,j) に $i+j$ が偶数のとき $g(i,j)$ を，奇数のとき $4 - g(i,j)$ を書き込んだマス目は問題文の条件をみたす．よって，A の値はそのような定め方の個数と一致する．

　$g(1,1), \cdots, g(1,2021)$ の最大値，最小値をそれぞれ M, m とする．いま，任意の $1 \leqq i \leqq 2020$, $1 \leqq j \leqq 2020$ について $(*)$ が成り立つことは，すべての $1 \leqq k \leqq 2020$ に対して，$g(k+1,\ell) - g(1,\ell)$ の値が $1 \leqq \ell \leqq 2021$ によらず一定であることと同値であり，この値を d_k とする．このとき，$1 \leqq k \leqq 2020$ のそれぞれについて $1 \leqq m + d_k$ かつ $M + d_k \leqq 3$，つまり $1 - m \leqq d_k \leqq 3 - M$ であることが各 $g(i,j)$ が 1 以上 3 以下となるための必要十分条件だから，1 以上 3 以下の整数 $g(1,1), \cdots, g(1,2021)$ が定まっているとき，条件をみたすような $g(i,j)$ の定め方は $(3 + m - M)^{2020}$ 個存在する．$M - m$ の値で場合分けをする．

- $M - m = 0$ のとき.

  $g(1,1), \cdots, g(1,2021)$ はすべて等しく，その値は 1, 2, 3 の 3 通りある．よって，このとき $3 \cdot 3^{2020} = 3^{2021}$ 通りある．

- $M - m = 1$ のとき.

  $m = 1, 2$ の 2 つの場合があり，$(g(1,1), \cdots, g(1,2021))$ としてありうるのはそれぞれ $2^{2021} - 2$ 通りある．よって，このとき $2 \cdot ((2^{2021} - 2) \cdot 2^{2020}) = 2^{4042} - 2^{2022}$ 通りある．

- $M - m = 2$ のとき.

  $(g(1,1), \cdots, g(1,2021))$ としてありうるのは $3^{2021} - 2 \cdot (2^{2021} - 2) - 3$ 通りある．よって，このとき $(3^{2021} - 2 \cdot (2^{2021} - 2) - 3) \cdot 1^{2020} = 3^{2021} - 2 \cdot (2^{2021} - 2) - 3$ 通りある．

ゆえに，

$$A = 3^{2021} + (2^{4042} - 2^{2022}) + (3^{2021} - 2 \cdot (2^{2021} - 2) - 3)$$
$$= 2 \cdot 3^{2021} + 2^{4042} - 2^{2023} + 1$$

を得る.

ここで，$3^{2021} \equiv (-1)^{2021} \equiv -1 \equiv 3 \pmod 4$ であるから，

$$A \equiv 2 \cdot 3 + 0 - 0 + 1 \equiv 3 \pmod 4$$

である. 次に，25 以下の正の整数であって 25 と互いに素なものは 20 個であるから，オイラーの定理より $2^{20} \equiv 3^{20} \equiv 1 \pmod{25}$ が成り立つ. よって，

$$A \equiv 2 \cdot 3 \cdot (3^{20})^{101} + 2^2 \cdot (2^{20})^{202} - 2^3 \cdot (2^{20})^{101} + 1 \equiv 6 + 4 - 8 + 1 \equiv 3 \pmod{25}$$

となる. ゆえに，A を 100 で割った余りは **3** である.

【10】 [解答：$\dfrac{\sqrt{33}}{11}$]

$\angle BPC + \angle CPE = \angle PEC + \angle CPE = 180° - \angle ECP$ より，直線 EP は辺 AB と交わり，その交点を Q とすると $\angle QPB = \angle ECP$ が成り立つ. 同様に直線 DP は辺 AC と交わり，その交点を R とすると $\angle RPC = \angle DBP$ が成り立つ. よっ

て ∠QPB = ∠RCP, ∠QBP = ∠RPC が成り立つので，三角形 QBP と三角形
RPC は相似である．

また，∠QDR = ∠BDP = ∠PEC = ∠QER より 4 点 D, Q, R, E は同一円周上
にあるので，四角形 DBCE が円に内接することとあわせて，∠ABC = ∠DBC =
$180° - ∠CED = 180° - ∠RED = ∠DQR = ∠AQR$ となり，BC と QR は平行
である．これより BQ : CR = AB : AC = 9 : 11 を得る．さらに，4 点 D, Q, R,
E が同一円周上にあることから三角形 QDP と三角形 REP は相似なので，QP :
RP = DP : EP = 1 : 3 を得る．

以上より，$\dfrac{\mathrm{BP}^2}{\mathrm{CP}^2} = \dfrac{\mathrm{BQ} \cdot \mathrm{QP}}{\mathrm{PR} \cdot \mathrm{RC}} = \dfrac{\mathrm{BQ}}{\mathrm{CR}} \cdot \dfrac{\mathrm{QP}}{\mathrm{RP}} = \dfrac{9}{11} \cdot \dfrac{1}{3} = \dfrac{3}{11}$ を得るので，答は
$\dfrac{\mathrm{BP}}{\mathrm{CP}} = \sqrt{\dfrac{3}{11}} = \dfrac{\boldsymbol{\sqrt{33}}}{\boldsymbol{11}}$ である．

【11】　[**解答**：20412 個]

3 つの実数 a, b, c に対し，これらの最大値と最小値の差は

$$\frac{|a - b| + |b - c| + |c - a|}{2}$$

である．よって，$|(xy + zw) - (xz + yw)| = |x - w||y - z|$ に注意すると

$$M - m = \frac{1}{2} \sum_{x,y,z,w=1}^{1000} \left(|x - w||y - z| + |x - y||z - w| + |x - z||y - w| \right)$$

となる．ここで

$$\sum_{x,y,z,w=1}^{1000} |x - w||y - z| = \left(\sum_{x,y=1}^{1000} |x - y| \right)^2 = \left(2 \sum_{d=1}^{999} d(1000 - d) \right)^2$$

$$= \frac{(999 \cdot 1000 \cdot 1001)^2}{9}$$

であるから，

$$M - m = \frac{3}{2} \cdot \frac{(999 \cdot 1000 \cdot 1001)^2}{9} = 2^5 \cdot 3^5 \cdot 5^6 \cdot 7^2 \cdot 11^2 \cdot 13^2 \cdot 37^2$$

となる．よって，$M - m$ の正の約数の個数は $6 \cdot 6 \cdot 7 \cdot 3 \cdot 3 \cdot 3 \cdot 3 = \boldsymbol{20412}$ 個で
ある．

【12】　[解答：19]

　下図のように各マスに数を書き込むと，コインが置かれているマスに書き込まれている数の合計は操作によって増加しない．

128	64	128	64	128	64	128
32	64	32	64	32	64	32
32	16	32	16	32	16	32
8	16	8	16	8	16	8
8	4	8	4	8	4	8
2	4	2	4	2	4	2
2	1	2	1	2	1	2

　初めにコインが置かれていたマスに書き込まれている数は 64 であり，1 の書き込まれているマスは 3 個，2 の書き込まれているマスは 8 個，4 の書き込まれているマスは 6 個ある．他のマスに書き込まれている数は 8 以上であるので，$64 < 1 \cdot 3 + 2 \cdot 8 + 4 \cdot 6 + 8 \cdot 3$ よりマス目に置かれているコインの枚数はつねに $3 + 8 + 6 + 3 - 1 = 19$ 以下である．

　一方，以下のように操作をすることで実際にマス目に 19 枚置くことができる．上から i 行目，左から j 列目のマスに操作 (x) を行うことを「(i, j) に x」と表記する．

　　$(1, 4)$ に d, $(2, 5)$ に b, $(5, 2)$ に a, $(6, 2)$ に d, $(4, 3)$ に d, $(5, 2)$ に a,
　　$(5, 4)$ に d, $(6, 3)$ に d, $(6, 5)$ に d, $(3, 4)$ に d, $(4, 3)$ に d, $(4, 5)$ に a,
　　$(5, 5)$ に d, $(6, 6)$ に d, $(5, 4)$ に d, $(2, 3)$ に c, $(5, 6)$ に a, $(4, 5)$ に d,
　　$(3, 4)$ に d の順で行う．

以上より，答は **19** である．

　別解　マス目に置かれているコインの枚数が 19 枚以下であることの証明は上と同じである．以下の順で操作をしても，実際にマス目に 19 枚置くことができる．

$(1,4)$ に d, $(2,3)$ に d, $(3,2)$ に d, $(4,3)$ に d, $(5,2)$ に a, $(6,2)$ に d,

$(5,4)$ に d, $(6,3)$ に d, $(6,5)$ に d, $(3,4)$ に d, $(4,3)$ に a, $(5,3)$ に d,

$(4,5)$ に d, $(5,4)$ に d, $(5,6)$ に a, $(6,6)$ に d, $(2,5)$ に d, $(3,6)$ に d,

$(4,5)$ に d, $(5,6)$ に a, $(3,4)$ に d, $(4,3)$ に b, $(4,5)$ に c の順で行う.

以上より，答は **19** である.

第 2 部

日本数学オリンピック 本選

2.1 第27回 日本数学オリンピック 本選 (2017)

● 2017 年 2 月 11 日 [試験時間 4 時間, 5 問]

1. a, b, c を正の整数とするとき, a と b の最小公倍数と, $a+c$ と $b+c$ の最小公倍数は等しくないことを示せ.

2. N を正の整数とする. 正の整数 $a_1, a_2, \cdots, a_N$ が与えられており, これらはいずれも 2^{N+1} の倍数ではない. $N+1$ 以上の整数 n について, a_n を次のように順次定める:

> $k = 1, 2, \cdots, n-1$ の中で a_k を 2^n で割った余りが最も小さくなるような k を選び, $a_n = 2a_k$ とする. ただし, そのような k が複数ある場合は, そのうち最も大きい k を選ぶ.

このとき, $n \geqq M$ においてつねに $a_n = a_M$ が成り立つような正の整数 M が存在することを示せ.

3. 鋭角三角形 ABC があり, その外心を O とする. 3 点 A, B, C から対辺におろした垂線の足をそれぞれ D, E, F とし, さらに辺 BC の中点を M とする. 直線 AD と直線 EF の交点を X, 直線 AO と直線 BC の交点を Y とし, 線分 XY の中点を Z とする. このとき 3 点 A, Z, M が同一直線上にあることを示せ.

4. n を 3 以上の整数とする. n 人の人がいて, そのうちの 3 人以上が参加する集会が毎日行われる. 各集会では, 参加したどの 2 人も 1 回ずつ

握手をする．n 日目の集会が終わったところ，どの 2 人もちょうど 1 回
ずつ握手をしていたという．このとき，すべての集会に同じ人数が参加
していたことを示せ．

5. $x_1, x_2, \cdots, x_{1000}$ は整数で，672 以下の任意の正の整数 k に対して $\displaystyle\sum_{i=1}^{1000} x_i^k$
は 2017 の倍数であるとする．このとき，$x_1, x_2, \cdots, x_{1000}$ はすべて 2017
の倍数であることを示せ．

ただし，2017 は素数である．

解答

【1】　素数 q と正の整数 N に対して，N が q^k で割りきれるような最大の非負整数 k を $\mathrm{ord}_q N$ で表す．また，a と b の最小公倍数，最大公約数をそれぞれ $L_1,\, d_1$ とし，$a+c$ と $b+c$ の最小公倍数，最大公約数をそれぞれ $L_2,\, d_2$ とする．$L_1 = L_2$ と仮定し，この値を L とおく．

　素数 p を任意にとり，$\mathrm{ord}_p a = m$, $\mathrm{ord}_p b = n$ とおく．$m \leqq n$ とすると，$\mathrm{ord}_p d_1 = m$ であり，$\mathrm{ord}_p L = n$ なので，$\mathrm{ord}_p (a+c) = n$ または $\mathrm{ord}_p (b+c) = n$ が成り立つ．よって c は p^m で割りきれるので，$a+c, b+c$ はともに p^m で割りきれる．よって d_2 は p^m の倍数である．同様に $m > n$ ならば $\mathrm{ord}_p d_1 = n$ であり，d_2 は p^n の倍数であることがわかる．p は任意であったから，d_2 は d_1 の倍数である．

　前の議論で a, b, c をそれぞれ $a+c, b+c, -c$ に置き換えると，d_1 は d_2 の倍数であることもわかる．よって $d_1 = d_2$ がわかるが，$L_1 = L_2$ より，$ab = d_1 L_1 = d_2 L_2 = (a+c)(b+c)$ となり矛盾する．したがって，$L_1 \neq L_2$ である．

【2】　$a_1, a_2, \cdots, a_N$ のうち最小のものを m とし，また $N+1$ 以上の整数 n について，$a_1, a_2, \cdots, a_{n-1}$ のうち最大のものの値を L_n とする．任意の $n \geqq N+1$ で $a_n \geqq 2m$ であるから，$a_1, a_2, \cdots, a_{n-1}$ のうちの最小のものはつねに m であることに注意しておく．

　まず，$L_M < 2^M$ をみたす M がとれると仮定する．ここで，$n \geqq N+1$ では $a_n \leqq 2L_n$ が成り立つから，$L_n < 2^n$ ならば $L_{n+1} \leqq 2L_n < 2^{n+1}$ が導ける．よって帰納的に $n \geqq M$ でつねに $L_n < 2^n$ が成り立つ．$L_n < 2^n$ のとき a_n は明らかに $a_1, a_2, \cdots, a_{n-1}$ のうち最小のものの 2 倍になるから，$a_n = 2m$ である．したがって $n \geqq M$ で $a_n = 2m = a_M$ となることがわかった．

　このような M が存在しないとすると，任意の $N+1$ 以上の整数 n に対して $L_n \geqq 2^n$ が成り立つことになる．任意の $n \geqq N+1$ で $L_n \geqq 2^{n+a}$ が成り立つよ

うな非負整数 a のうち最大のものを A としよう．A の最大性より，$2^{\ell+A} \leqq L_\ell < 2^{\ell+A+1}$ をみたすような $\ell \geqq N+1$ がとれる．このとき，$L_{\ell+1} \geqq 2^{\ell+A+1}$ より $L_\ell < 2^{\ell+A+1} \leqq L_{\ell+1} = a_\ell$ である．$a_{\ell+1} \neq 2a_\ell$ とすると $L_{\ell+2} < 2^{\ell+A+2}$ となってしまい矛盾するから，$a_{\ell+1} = 2a_\ell$．$n = \ell+1$ でも $2^{n+A} \leqq L_n < 2^{n+A+1}$ が成り立っているので，帰納的に $n \geqq \ell+1$ において $a_n = 2a_{n-1}$ が成り立つ．したがって任意の $n \geqq \ell$ に対して $a_n = 2^{n-\ell} a_\ell$ が成り立つことがわかった．

よって a_{n+1} のとり方より，$n \geqq \ell$ で a_n を 2^{n+1} で割った余りは m 以下でなければならない．しかし，a_ℓ を $2^{\ell+1}$ で割った余りを r とすると，帰納的に a_n を 2^{n+1} で割った余りは $2^{n-\ell} r$ となる．任意の $n \geqq \ell+1$ について $2^{n-\ell} r \leqq m$ が成り立つので，$r = 0$．したがって $n \geqq \ell$ で a_n は 2^{n+1} の倍数．しかし $a_1, a_2, \cdots, a_N$ はどれも 2^{N+1} の倍数ではなかったので，$n \geqq N$ において a_n は 2^{n+1} の倍数ではないことが帰納的にわかり，矛盾する．

以上より，$L_M < 2^M$ をみたす M は存在し，この M について問題の主張は成り立つ．

【3】　三角形 ABC の垂心を H とする．また点 G を AG が三角形 ABC の外接円の直径となるようにとる．このとき直線 BH, GC はともに直線 AC に垂直であるから，平行である．同様にして直線 CH, GB も平行なので四角形 BHCG は平行四辺形である．さらに点 M が線分 BC の中点であることから，3 点 H, M, G は同一直線上にあり，この順に等間隔で並ぶ．

ここで $\angle AEH = \angle AFH = 90°$ であることから，4 点 A, E, H, F は同一円周上にあり，AH はその直径である．さらに $\angle BFC = \angle BEC = 90°$ なので 4 点 B, C, E, F は同一円周上にあり，$\angle AFE = \angle ACB$，$\angle AEF = \angle ABC$ が成立するため，三角形 AEF と三角形 ABC が相似である．よって四角形 AEHF と四角形 ABGC は相似であり，この相似において点 X と点 Y は対応する．したがって AX : XH = AY : YG が成立し，Z は線分 XY の中点で，M は線分 HG の中点なので，3 点 A, Z, M は同一直線上にある．

【4】　n 人の人を $A_1, A_2, \cdots, A_n$ とし，i 日目の集会を S_i とする．ここで，どの相異なる 2 つの集会に対しても，それらに両方参加した人は高々 1 人である

ことに注意しておく．A_i が参加した集会の数を a_i，S_i に参加した人数を s_i とすると，人とその人が参加した集会のペアの個数を数えることで，

$$\sum_{k=1}^{n} a_k = \sum_{k=1}^{n} s_k \qquad (*)$$

がわかる．対称性より，$a_1, a_2, \cdots, a_n$ のうち a_n が最小であるとしてよく，$a_n = k$ とする．明らかに $2 \leqq k \leqq n-1$ である．また，A_n の参加した集会が $S_1, S_2, \cdots, S_k$ であるとしてよい．さらに，$S_1, S_2, \cdots, S_k$ のうちの 2 つ以上に参加している人は A_n のみであることから，$1 \leqq i \leqq k$ について A_i が S_i に参加したとして一般性を失わない．ここで次の補題 1，2 が成り立つ．

補題 1　$s_{k+1} = \cdots = s_n = k$ である．また，$1 \leqq i \leqq k$ および $k+1 \leqq j \leqq n$ なる整数 i, j について，S_i と S_j の両方に参加していた人がちょうど 1 人いる．

証明　一般に集会 S_p に A_q が参加しなかったとすると，A_q の参加した集会に S_p の参加者は高々 1 人しか参加できないが，A_q は S_p の参加者全員と握手しているため，$s_p \leqq a_q$ となる．これに注意すると，$s_2 \leqq a_1, s_3 \leqq a_2, \cdots, s_k \leqq a_{k-1}, s_1 \leqq a_k$ が成り立つ．また $k+1 \leqq j \leqq n$ について $s_j \leqq a_n$ であり，a_n の最小性とあわせて $s_j \leqq a_j$ が成り立つ．しかし，$(*)$ より，すべて等号が成り立たなくてはいけない．特に，$s_{k+1} = \cdots = s_n = k$ である．

一方，$k+1 \leqq j \leqq n$ に対して，S_j の参加者が A_n と握手していたので，$S_1, S_2, \cdots, S_k$ のいずれかに参加していた．ここで，$s_j = k$ なので，これらの集会にちょうど 1 人ずつが参加していたことがわかる．

補題 2　$s_1 = s_2 = \cdots = s_k$ が成り立つ．

証明　補題 1 より，$k = s_n$ なので $k \geqq 3$ である．対称性より，$s_1 = s_2$ を示せばよい．

A_3 が参加した集会を $S_3, T_1, \cdots, T_l$ とすると，$T_1, \cdots, T_l$ には A_n は参加していない．よって補題 1 より，$1 \leqq j \leqq l$ について，T_j と S_1 に参加した人がちょうど 1 人いるとわかる．A_3 は S_1 に参加した A_n 以外の人と 1 回ずつ握手をしたので，(A_n を除いた S_1 の参加人数) $= l$ が言える．同様に (A_n を除いた S_2 の参加人数) $= l$ も言えるので，$s_1 = s_2$ が成り立つ．よって示された．

補題 1 より，A_n が参加していない集会には，S_1 と S_2 の A_n 以外の参加者が

それぞれ 1 人ずつ参加していたことがわかる．S_1 の A_n 以外の参加者と S_2 の A_n 以外の参加者の組は l^2 組あるので，これらの人同士がちょうど 1 回ずつ握手したことから A_n が参加していない集会がちょうど l^2 個であることがわかる．

よって，集会の数に注目すると，$n = l^2 + k$ がわかる．一方，A_n 以外の人は全員，$S_1, S_2, \cdots, S_k$ のうちのちょうど 1 つに参加していたことから，$n = lk + 1$ となるので，$l^2 + k = lk + 1$ が成り立つ．よって，$(l-1)(l-k+1) = 0$ であり，$l - 1 = s_1 - 2 \geqq 1$ より $l = k - 1$ を得る．これはすべての集会の参加者数が等しいことを意味する．

【5】 整数 x, y に対して，$x - y$ が 2017 で割りきれることを単に $x \equiv y$ と書くことにする．

非負整数 k に対して $S_k = \sum_{i=1}^{1000} x_i^k$ とおき，$1 \leqq k \leqq 1000$ に対し $T_k = \sum_{1 \leqq i_1 < \cdots < i_k \leqq 1000} x_{i_1} \cdots x_{i_k}$ とおく．また，$T_0 = 1$ とする．条件より $S_1 \equiv S_2 \equiv \cdots \equiv S_{672} \equiv 0$ である．

補題 $T_1 \equiv T_2 \equiv \cdots \equiv T_{672} \equiv 0$ である．

証明 以下，$\sum_{i_1, \cdots, i_j} x_{i_1}^{a_1} \cdots x_{i_j}^{a_j}$ は，$(i_1, \cdots, i_j)$ が 1 以上 1000 以下の相異な^{あい}る j 個の整数の組全体を動くときの $x_{i_1}^{a_1} \cdots x_{i_j}^{a_j}$ の和を表すものとする．まず，672 以下の任意の正の整数 j および $k_1 + \cdots + k_j \leqq 672$ をみたす任意の正の整数の組 $(k_1, \cdots, k_j)$ に対し，

$$\sum_{i_1, \cdots, i_j} x_{i_1}^{k_1} \cdots x_{i_j}^{k_j} \equiv 0$$

が成り立つことを j に関する数学的帰納法で示す．まず $j = 1$ のときは問題の条件よりよい．$j = h - 1$ $(2 \leqq h \leqq 672)$ で成り立つと仮定すると，$k_1 + \cdots + k_h \leqq 672$ をみたす任意の正の整数の組 $(k_1, \cdots, k_h)$ に対し，

$$0 \equiv \Big(\sum_{i_1, \cdots, i_{h-1}} x_{i_1}^{k_1} \cdots x_{i_{h-1}}^{k_{h-1}} \Big) \Big(\sum_{i=1}^{1000} x_i^{k_h} \Big)$$

$$\equiv \sum_{i_1, \cdots, i_h} x_{i_1}^{k_1} \cdots x_{i_h}^{k_h} + \sum_{i_1, \cdots, i_{h-1}} x_{i_1}^{k_1 + k_h} \cdots x_{i_{h-1}}^{k_{h-1}}$$

$$+ \cdots + \sum_{i_1, \cdots, i_{h-1}} x_{i_1}^{k_1} \cdots x_{i_{h-1}}^{k_{h-1}+k_h}$$

$$\equiv \sum_{i_1, \cdots, i_h} x_{i_1}^{k_1} \cdots x_{i_h}^{k_h}$$

より，$j = h$ でも成り立つのでよい．よって $1 \leqq k \leqq 672$ のとき，

$$0 \equiv \sum_{i_1, \cdots, i_k} x_{i_1} \cdots x_{i_k} \equiv k! T_k$$

であり，2017 は素数なので $k!$ は 2017 と互いに素だから，$T_k \equiv 0$ である．

さて，各 $j = 1, 2, \cdots, 1000$ に対し，

$$\sum_{i=0}^{1000} (-1)^i T_{1000-i} x_j^i = (x_1 - x_j)(x_2 - x_j) \cdots (x_{1000} - x_j) = 0$$

なので，k を正の整数として，x_j^k を掛けて j について和をとると，

$$\sum_{i=0}^{1000} (-1)^i T_{1000-i} S_{i+k} = 0$$

がわかる．ここで，$T_0 = 1$ に注意すると，

$$S_{1000+k} = \sum_{i=0}^{999} (-1)^{i+1} T_{1000-i} S_{i+k}$$

を得る．よって，$1 \leqq k \leqq 344$ のとき，問題の条件と補題より，

$$S_{1000+k} \equiv \sum_{i=0}^{328} (-1)^{i+1} T_{1000-i} S_{i+k} + \sum_{i=329}^{999} (-1)^{i+1} T_{1000-i} S_{i+k} \equiv 0$$

がわかるから，$S_{1001} \equiv S_{1002} \equiv \cdots \equiv S_{1344} \equiv 0$ が成り立つ．よって，

$$S_{2016} \equiv \sum_{i=0}^{328} (-1)^{i+1} T_{1000-i} S_{i+1016} + \sum_{i=329}^{999} (-1)^{i+1} T_{1000-i} S_{i+1016} \equiv 0$$

である．一方 2017 は素数なので，フェルマーの小定理より，整数 a に対し a^{2016} を 2017 で割った余りは，a が 2017 の倍数のとき 0，そうでないとき 1 である．よって S_{2016} を 2017 で割った余りは $x_1, x_2, \cdots, x_{1000}$ のうち 2017 の倍数でないものの個数に等しいので，$x_1, x_2, \cdots, x_{1000}$ はすべて 2017 の倍数であること

がわかる.

参考　問題の 672 という値は最良である. 実際, r を mod 2017 における原始根の 1 つとして, $x_i = r^{3(i-1)}$ $(1 \leqq i \leqq 672)$ とし, それ以外の x_i は 0 としたとき, 671 以下の任意の正の整数 k に対し $\sum_{i=1}^{1000} x_i^k \equiv 0 \pmod{2017}$ が成り立つ (一般に素数 p に対し, p と互いに素な整数 r であって, $r^d \equiv 1 \pmod{p}$ をみたす最小の正の整数 d が $p-1$ に等しいものが存在することが知られており, この r を mod p における原始根という).

2.2 第 28 回 日本数学オリンピック 本選 (2018)

● 2018 年 2 月 11 日 [試験時間 4 時間，5 問]

1. 黒板に 1 以上 100 以下の整数が 1 つずつ書かれている．黒板から整数 a, b を選んで消し，新たに $a^2 b^2 + 3$ と $a^2 + b^2 + 2$ の最大公約数を書くという操作を繰り返し行う．黒板に書かれている整数が 1 つだけになったとき，その整数は平方数ではないことを示せ．

2. AB < AC なる三角形 ABC の辺 AB, AC 上 (端点を含まない) に点 D，E があり，CA = CD, BA = BE をみたしている．三角形 ADE の外接円を ω とし，さらに直線 BC に関して A と対称な点を P とおく．直線 PD と ω の交点のうち D でない方を X，直線 PE と ω の交点のうち E でない方を Y とするとき，直線 BX と直線 CY が ω 上で交わることを示せ．

   ただし，ST で線分 ST の長さを表すものとする．

3. $S = \{1, 2, \cdots, 999\}$ とおく．f は S 上で定義され S に値をとる関数であり，任意の S の要素 n に対して

$$f^{n+f(n)+1}(n) = f^{nf(n)}(n) = n$$

が成り立つとする．このとき，$f(a) = a$ をみたす S の要素 a が存在することを示せ．

   ただし，$f^k(n)$ で $\underbrace{f(f(\cdots f(n) \cdots))}_{k\,個}$ を表すものとする．

4. n を正の奇数とする．縦横に無限に広がるマス目があるとき，以下の

条件をすべてみたすように各マスに 1, 2, 3 のいずれかの数をちょうど 1 つずつ書き込むことはできないことを示せ.

(a) 辺を共有して隣(とな)りあうマスに同じ数字は書かれていない.

(b) 縦または横に連続したどの 3×1 または 1×3 のマス目にも,上,下,左または右から順に 1, 2, 3 と書かれていない.

(c) $n \times n$ のマス目に書かれた数の総和は位置によらずすべて等しい.

5.　　T を正の整数とする.正の整数 2 つの組に対して定義され正の整数値をとる関数 f と整数 $C_0, C_1, \cdots, C_T$ であって,以下をみたすものをすべて求めよ:

- 任意の正の整数 n に対し,$f(k, l) = n$ なる正の整数の組 (k, l) はちょうど n 個ある.

- $t = 0, 1, \cdots, T$ と任意の正の整数の組 (k, l) について,$f(k+t, l+T-t) - f(k, l) = C_t$ が成り立つ.

解答

【1】　整数 x, y に対し, $x^2y^2 + 3$ と $x^2 + y^2 + 2$ の最大公約数を $f(x, y)$ で表す.

　補題　a, b を整数とする. このとき $f(a, b)$ が 3 の倍数であることと, a, b の一方のみが 3 の倍数であることは同値である. また, $f(a, b)$ は 9 の倍数でない.

　証明　a, b がともに 3 の倍数のとき, $a^2 + b^2 + 2 \equiv 0 + 0 + 2 \equiv 2 \pmod{3}$ より, $f(a, b)$ は 3 の倍数でない. a, b がともに 3 の倍数でないとき, $a^2b^2 + 3 \equiv 1 \cdot 1 + 3 \equiv 1 \pmod{3}$ より, $f(a, b)$ は 3 の倍数でない. 一方, a, b のうち片方のみが 3 の倍数であるとき, 対称性から a のみが 3 の倍数であるとして一般性を失わず, $a^2 + b^2 + 2 \equiv 0 + 1 + 2 \equiv 0 \pmod{3}, a^2b^2 + 3 \equiv 0 \cdot b^2 + 3 \equiv 3 \pmod{9}$ より, $f(a, b)$ は 3 の倍数であって 9 の倍数でない. よって, 補題が示された.

　操作を繰り返して最後に残った整数を M とおく. 補題の前半の主張より, 黒板に書かれている 3 の倍数の個数の偶奇は操作によって不変であり, 最初に 3 の倍数は奇数個書かれているので, M は 3 の倍数である. 一方, 補題の後半の主張より, M は 9 の倍数でない. よって M は 3 でちょうど 1 回割りきれるので, 平方数でない. 以上より, 題意が示された.

【2】　$\alpha = \angle\mathrm{BAC}, \beta = \angle\mathrm{CBA}, \gamma = \angle\mathrm{ACB}$ とおく.

　$\angle\mathrm{BPC} = \alpha, \angle\mathrm{BDC} = 180° - \angle\mathrm{ADC} = 180° - \alpha, \angle\mathrm{BEC} = 180° - \angle\mathrm{AEB} = 180° - \alpha$ より, 5 点 B, C, D, E, P は同一円周上にあることがわかる.

　$\mathrm{AB} < \mathrm{AC}$ より $\beta > \gamma$ なので,

$$\angle\mathrm{PDE} = \angle\mathrm{PBE} = \angle\mathrm{PBC} + \angle\mathrm{CBE} = \beta + \alpha - \gamma > \alpha$$

である. よって直線 PD 上の D に関して P と反対側の部分に $\angle\mathrm{DX'E} = \alpha$ となる点 X′ がとれ, このとき $\angle\mathrm{DX'E} = \angle\mathrm{DAE} = \alpha$ より X′ は ω 上にあるので X′ と X は一致する. したがって P, D, X はこの順に並ぶ. 同様にして P, Y, E はこの順に並んでいることがわかる.

円周角の定理を繰り返し用いて,

$$\angle AXY = \angle YEC = \angle PEC = \angle PBC = \beta$$

である. 同様に $\angle AYX = \gamma$ とわかる. よって, 三角形 AXY と三角形 ABC は
相似であり, $\angle XAB = \alpha - \angle BAY = \angle YAC$ および $XA : AB = YA : AC$ より,
三角形 AXB と三角形 AYC も相似である. したがって, 直線 BX, CY の交点
を Q とおくと, B, X, Q がこの順に並ぶとき,

$$\angle AYQ = 180^\circ - \angle AYC = 180^\circ - \angle AXB = \angle AXQ$$

であるので, 円周角の定理の逆から, Q は三角形 AXY の外接円, すなわち ω 上
にあることがいえる. B, Q, X がこの順に並ぶときは, 最後が $180^\circ - \angle AXB = 180^\circ - \angle AXQ$ となり, 同様に Q は ω 上にある. Q = X のときも, 明らかに Q
は ω 上にあるので, いずれの場合についても, 題意が示された.

【3】　簡単のため f^0 で S 上の恒等写像を表す. つまり, 任意の $n \in S$ に対し
て $f^0(n) = n$ である.

与えられた条件から, 各 $n \in S$ に対し, $f^l(n) = n$ なる正の整数 l が存在する
が, はじめに, このことのみから従う事実を補題としてまとめておく. $f^l(n) = n$ なる正の整数 l のうち最小のものを $l(n)$ で表す.

補題 1　$n \in S$ とする. $i, j \geqq 0$ に対し, $f^i(n) = f^j(n)$ と $i \equiv j \pmod{l(n)}$
は同値である.

証明　$l = l(n)$ とおく. $i \equiv j \pmod l$ のとき $f^i(n) = f^j(n)$ であることを示
す. 一般性を失わず, $i \geqq j$ としてよい. $f^{k+l}(n) = f^k(f^l(n)) = f^k(n)$ $(k \geqq 0)$
より, $t \geqq 0$ に対し $f^{k+tl}(n) = f^k(n)$ であることが帰納的にわかる. $k = j$ と
し, $i = j + tl$ なる t をとればよい.

逆に, $f^i(n) = f^j(n)$ のとき $i \equiv j \pmod l$ であることを示す. $i = tl + i'$,
$j = sl + j'$ $(t, s \geqq 0, 0 \leqq i', j' < l)$ とおくことができる. 一般性を失わず, $i' \geqq j'$ としてよい. 先に示したことから $f^i(n) = f^{i'}(n)$, $f^j(n) = f^{j'}(n)$ であり,
よって, $f^{i'}(n) = f^{j'}(n)$ である. $f^{i'-j'}(n) = f^{i'+(l-j')}(n) = f^{l-j'}(f^{i'}(n)) = f^{l-j'}(f^{j'}(n)) = f^l(n) = n$ であるが, $0 \leqq i' - j' < l$ なので l の定義から, $i' -$

$j' = 0$ となる．これは $i \equiv j \pmod{l}$ を意味する．

$C(n) = \{f^k(n) \mid k \geqq 0\}$ $(n \in S)$ とおく．このような形で表される S の部分集合を**サイクル**とよぶ．補題 1 より，$C(n)$ の大きさ (要素の個数) は $l(n)$ である．また，$C(n)$ の大きさが 1 であることと $f(n) = n$ は同値である．

補題 2　各 $n \in S$ はちょうど 1 つのサイクルに属す．

証明　n が属すサイクルとして $C(n)$ がとれるので，$n \in C(m)$ と仮定して $C(m) = C(n)$ を示せばよい．仮定から，$n = f^i(m)$ なる $0 \leqq i < l(m)$ があり，$C(m) = \{f^k(n) \mid k \geqq i\} \subset C(n)$ となる．$j = l(m) - i$ とおくと，$f^j(n) = f^j(f^i(m)) = f^{l(m)}(m) = m$ であり，同様に $C(n) \subset C(m)$ が得られる．よって，$C(m) = C(n)$ である．

補題 1 と問題で与えられた条件から，任意の $n \in S$ に対して

$$n + f(n) + 1 \equiv nf(n) \equiv 0 \pmod{l(n)} \qquad (*)$$

である．$n \in S$ を 1 つ固定し，$l = l(n)$，$a_i = f^i(n)$ $(i \geqq 0)$ とおく．補題 1 より $l(a_i) = l$ である．$l \geqq 2$ と仮定し，l の素因数の 1 つを p とおく．$(*)$ を $n = a_i$ に適用して，$a_i + a_{i+1} + 1 \equiv a_i a_{i+1} \equiv 0 \pmod{l}$ であり，特に，

$$a_i + a_{i+1} \equiv -1 \pmod{p}, \qquad a_i a_{i+1} \equiv 0 \pmod{p}.$$

後者の式から $a_i \equiv 0 \pmod{p}$ または $a_{i+1} \equiv 0 \pmod{p}$ であり，これと前者の式から，

$$a_i \equiv 0,\ a_{i+1} \equiv -1 \pmod{p} \quad \text{または} \quad a_i \equiv -1,\ a_{i+1} \equiv 0 \pmod{p}$$

が各 i に対して成り立つ．したがって，帰納的に

- $a_0 \equiv 0,\ a_1 \equiv -1,\ a_2 \equiv 0,\ a_3 \equiv -1, \cdots \pmod{p}$,

- $a_0 \equiv -1,\ a_1 \equiv 0,\ a_2 \equiv -1,\ a_3 \equiv 0, \cdots \pmod{p}$

のどちらかが成り立ち，いずれにせよ，i が奇数のとき $a_i \not\equiv a_0 \pmod{p}$ である．l が奇数の場合，$a_l \not\equiv a_0 \pmod{p}$ となるが，これは $a_0 = a_l$ に反する．よって，l は偶数でなければならない．

どのサイクルの大きさも 1 または偶数であることが示された．一方で，補題

2 よりすべてのサイクルの大きさの和は S の要素の個数 999，すなわち奇数である．したがって，大きさが 1 のサイクル $C(a)$ が存在し，先に述べたとおり，この a は $f(a) = a$ をみたす．

【4】　問題文の条件 (a)，(b)，(c) のすべてをみたす書き込み方が存在したと仮定して矛盾を導く．あるマスを $(0,0)$ とし，整数 x, y に対し，そのマスから右に x マス，上に y マス進んだ先のマスを (x, y) で表す．また，(x, y) に書かれた数を $f(x, y)$ で表す．

　まず，$f(x, y) = 2$ のとき，$f(x-1, y) = f(x, y-1) = f(x, y+1) = f(x+1, y)$ が成り立つことを示す．(a)，(b) より $f(x-1, y) = f(x+1, y)$, $f(x, y-1) = f(x, y+1)$ なので，$f(x, y+1) \neq f(x+1, y)$ のとき矛盾することを示せば十分である．対称性より一般性を失うことなく $(x, y) = (0, 0)$, $f(0, 1) = 3$, $f(1, 0) = 1$ としてよい．(a) より $f(1, 1) = 2$ と定まる．ここで，以下の補題を示す．

　補題　整数 s, t が $f(s, t) = 2$, $f(s, t+1) = 3$, $f(s+1, t) = 1$, $f(s+1, t+1) = 2$ をみたすとき，

(i) $f(s+2, t) = 2$, $f(s+2, t+1) = 3$, $f(s+3, t) = 1$, $f(s+3, t+1) = 2$ が成り立つ．

(ii) $f(s, t+2) = 2$, $f(s, t+3) = 3$, $f(s+1, t+2) = 1$, $f(s+1, t+3) = 2$ が成り立つ．

　証明　(i) (a)，(b) より $f(s+2, t+1) = 3$, (a) より $f(s+2, t) = 2$, (a)，(b) より $f(s+3, t) = 1$, (a) より $f(s+3, t+1) = 2$ と順に定まる．

(ii) (a)，(b) より $f(s+1, t+2) = 1$, (a) より $f(s, t+2) = 2$, (a)，(b) より $f(s, t+3) = 3$, (a) より $f(s+1, t+3) = 2$ と順に定まる．

任意の非負整数 x, y に対し，$x = 2\alpha + i$, $y = 2\beta + j$ をみたす非負整数 α, β と，$i, j \in \{0, 1\}$ をとれる．このとき，補題の (i) を $(s, t) = (0, 0), (2, 0), \cdots, (2\alpha - 2, 0)$ に，補題の (ii) を $(s, t) = (2\alpha, 0), (2\alpha, 2), \cdots, (2\alpha, 2\beta - 2)$ に順に適用することで，$f(i, j) = f(2\alpha + i, 2\beta + j) = f(x, y)$ を得る．

したがって，n は奇数であるため

$$\sum_{k=0}^{n-1}\sum_{l=0}^{n-1} f(k,l) - \sum_{k=1}^{n}\sum_{l=0}^{n-1} f(k,l) = \sum_{l=0}^{n-1} f(0,l) - \sum_{l=0}^{n-1} f(n,l)$$

$$=\left(\frac{n+1}{2}\cdot 2 + \frac{n-1}{2}\cdot 3\right) - \left(\frac{n+1}{2}\cdot 1 + \frac{n-1}{2}\cdot 2\right) = n$$

であるが，これは (c) より

$$\sum_{k=0}^{n-1}\sum_{l=0}^{n-1} f(k,l) = \sum_{k=1}^{n}\sum_{l=0}^{n-1} f(k,l)$$

であることと矛盾する．以上より $f(x,y) = 2$ のとき，$f(x-1,y) = f(x,y-1) = f(x,y+1) = f(x+1,y)$ が成り立つことが示された．

これと (a) より，任意のマス (x,y) について，

(+) $f(x-1,y)$, $f(x,y-1)$, $f(x,y+1)$, $f(x+1,y)$ はいずれも $f(x,y)$ より小さい，

(−) $f(x-1,y)$, $f(x,y-1)$, $f(x,y+1)$, $f(x+1,y)$ はいずれも $f(x,y)$ より大きい

のいずれかが成り立つことがわかる．(+) をみたすとき $f(x,y) \geqq 2$, (−) をみたすとき $f(x,y) \leqq 2$ である．(+) をみたすマスどうし，(−) をみたすマスどうしは隣りあわないため，(+) をみたすマスと (−) をみたすマスは交互に存在することがわかる．すなわち，(x,y) が (+) をみたすと仮定すると，(x',y') は $(x'-x) + (y'-y)$ が偶数のとき (+) を，奇数のとき (−) をみたす．

ここで，

$$\sum_{k=x}^{x+n-1}\sum_{l=y}^{y+n-1} f(k,l) - \sum_{k=x+1}^{x+n}\sum_{l=y}^{y+n-1} f(k,l) = \sum_{l=y}^{y+n-1} f(x,l) - \sum_{l=y}^{y+n-1} f(x+n,l),$$

$$\sum_{k=x}^{x+n-1}\sum_{l=y+1}^{y+n} f(k,l) - \sum_{k=x+1}^{x+n}\sum_{l=y+1}^{y+n} f(k,l) = \sum_{l=y+1}^{y+n} f(x,l) - \sum_{l=y+1}^{y+n} f(x+n,l)$$

であるが，(c) よりこの 2 式の左辺は 0 である．右辺どうしの差をとって

$$f(x,y) + f(x+n, y+n) = f(x, y+n) + f(x+n, y) \tag{$*$}$$

を得る. (x, y) が (+) をみたすとき $(x+n, y+n)$ も (+) をみたし, n は奇数な
ので $(x, y+n), (x+n, y)$ は (−) をみたす. このとき $f(x, y), f(x+n, y+n) \geqq$
2, $f(x, y+n), f(x+n, y) \leqq 2$ であったので, (∗) より $f(x, y) = f(x+n, y+$
$n) = f(x, y+n) = f(x+n, y) = 2$ が成り立つ. (x, y) が (−) をみたすときも,
$f(x, y), f(x+n, y+n) \leqq 2$, $f(x, y+n), f(x+n, y) \geqq 2$ なので, 同様に (∗) より
$f(x, y) = f(x+n, y+n) = f(x, y+n) = f(x+n, y) = 2$ が成り立つ. さらに,
(∗) は x を $x+1$ に置き換えても成り立つので, 同様に $f(x+1, y) = f(x+n+$
$1, y+n) = f(x+1, y+n) = f(x+n+1, y) = 2$ を得る. したがって, $f(x, y) =$
$f(x+1, y) = 2$ であるが, これは (a) に矛盾する.

　以上より, (a), (b), (c) をすべてみたす書き込み方が存在しないことが示さ
れた.

【5】　$f(k, l) = k + l - 1$, $C_0 = C_1 = \cdots = C_T = T$ が求める解であることを示
す. これが条件をみたすことは明らかである.

　$a = C_T$, $b = C_0$ とおく. $a \leqq 0$ であったとすると,

$$f(1, 1) \geqq f(T+1, 1) \geqq f(2T+1, 1) \geqq \cdots$$

となる. 条件より f は正の整数値をとるので, ある正の整数 n に対して $f(mT+$
$1, 1) = n$ なる正の整数 m が無数に存在することになり, 条件に反する. よっ
て $a > 0$ であり, 同様にして $b > 0$ であることがわかる.

　正の整数の組 (k, l) に対し, $g(k, l) = f(k, l) - \dfrac{a}{T}k - \dfrac{b}{T}l$ とおくと, $g(k+T, l) =$
$g(k, l)$, $g(k, l+T) = g(k, l)$ である. したがって, 正の整数の組 (k_0, l_0) を $1 \leqq$
$k_0 \leqq T$, $1 \leqq l_0 \leqq T$ であって $k - k_0$, $l - l_0$ がそれぞれ T の倍数になるようにと
ると, $g(k, l) = g(k_0, l_0)$ が成立する. よって, R を $1 \leqq p \leqq T$, $1 \leqq q \leqq T$ をみ
たす正の整数の組 (p, q) についての $|g(p, q)|$ の最大値より大きい整数とすると,
$|g(k, l)| = |g(k_0, l_0)| \leqq R$ であり,

$$\frac{a}{T}k + \frac{b}{T}l - R \leqq f(k, l) \leqq \frac{a}{T}k + \frac{b}{T}l + R \qquad (\ast)$$

が成立する.

　いま, 正の整数 n に対して $p(n)$ で $\dfrac{a}{T}k + \dfrac{b}{T}l \leqq abn$ なる正の整数の組 (k, l) の

個数を表すものとする．$p(n)$ は座標平面上で $(0,0)$, $(bnT, 0)$, $(0, anT)$ を頂点にもつ三角形の内部または $(0, anT)$ と $(bnT, 0)$ を結ぶ線分上の端点以外にある格子点の個数に等しい．したがって，$2p(n)$ は $(0,0)$, $(bnT, 0)$, (bnT, anT), $(0, anT)$ を頂点にもつ長方形の内部に含まれる格子点の個数と，$(0, anT)$ と $(bnT, 0)$ を結ぶ線分上の端点以外の格子点の個数の和に等しいため，

$$\frac{(anT-1)(bnT-1)}{2} \leqq p(n) \leqq \frac{(anT-1)(bnT-1) + (anT-1)}{2} \leqq \frac{abn^2T^2}{2}$$

が成立する．

$abn - R > 0$ となるとき，$f(k,l) \leqq abn - R$ なる正の整数の組 (k,l) の個数は条件より $\dfrac{(abn-R)(abn-R+1)}{2}$ に等しく，そのような (k,l) については $(*)$ より $\dfrac{a}{T}k + \dfrac{b}{T}l \leqq abn$ が成立するので，

$$\frac{(abn-R)(abn-R+1)}{2} \leqq p(n) \leqq \frac{abn^2T^2}{2}$$

を得る．この不等式の両辺を n についての多項式としてみたとき，いずれも 2 次式であり，左辺の n^2 の係数は $\dfrac{a^2b^2}{2}$，右辺の n^2 の係数は $\dfrac{abT^2}{2}$ である．n はいくらでも大きくとれるので $\dfrac{a^2b^2}{2} \leqq \dfrac{abT^2}{2}$，すなわち $ab \leqq T^2$ である．

また，$\dfrac{a}{T}k + \dfrac{b}{T}l \leqq abn$ が成立するような (k,l) については $(*)$ より $f(k,l) \leqq abn + R$ であり，$f(k,l) \leqq abn + R$ なる正の整数の組 (k,l) の個数は条件より $\dfrac{(abn+R)(abn+R+1)}{2}$ であるので，

$$\frac{(anT-1)(bnT-1)}{2} \leqq p(n) \leqq \frac{(abn+R)(abn+R+1)}{2}$$

を得る．よって前述の議論と同様に $\dfrac{abT^2}{2} \leqq \dfrac{a^2b^2}{2}$，すなわち $T^2 \leqq ab$ である．以上の評価をあわせて，$ab = T^2$ であることが示された．

いま，任意にとった正の整数 k, l について，

$$f(k+1, l) - f(k, l+1)$$

$$= (f(k+1,l) - f(k+T, l+1)) + (f(k+T, l+1) - f(k, l+1))$$

$$= -C_{T-1} + C_T$$

が成立するので，$m = -C_{T-1} + C_T$ とすると，

$$a - b = f(T+1, 1) - f(1, T+1)$$

$$= (f(T+1, 1) - f(T, 2)) + (f(T, 2) - f(T-1, 3)) + \cdots$$

$$+ (f(2, T) - f(1, T+1))$$

$$= Tm$$

となる．$ab = T^2$ とあわせて $b(b + Tm) = T^2$ を得る．これを T の 2 次方程式とみなすと，T は整数なので $b^2(m^2 + 4)$ は平方数である．よって，ある正の整数 m' が存在し，$(m')^2 = m^2 + 4$，すなわち $(m' - m)(m' + m) = 4$ となるので，$m = 0, m' = 2$ であるとわかる．よって $f(k+1, l) = f(k, l+1)$ がつねに成立し，$f(k, l)$ は $k + l$ の値のみに依存することがわかる．

　ここで，任意の正の整数 i に対して

$$f(i, 1) = f(i-1, 2) = \cdots = f(1, i)$$

であり，i 個の値が等しいから条件よりこれらはすべて i 以上である．よって，正の整数 n について $f(k, l) \leqq n$ ならば $k + l \leqq n + 1$ が成立する．$k + l \leqq n + 1$ なる (k, l) の個数は $\dfrac{n(n+1)}{2}$ であり，また条件より $f(k, l) \leqq n$ なる (k, l) の個数も $\dfrac{n(n+1)}{2}$ であるから，両者は一致する．したがって，$f(k, l) \leqq n$ であることと $k + l \leqq n + 1$ であることは同値である．$n = 1$ の場合から $f(1, 1) = 1$ は明らかで，また $n \geqq 2$ について，n の場合と $n - 1$ の場合を比べれば $f(k, l) = k + l - 1$ が任意の (k, l) についてわかる．またこのとき $C_0 = C_1 = \cdots = C_T = T$ であり，はじめに挙げたものが唯一の解であることが示された．

2.3　第29回 日本数学オリンピック 本選 (2019)

●2019年2月11日 [試験時間4時間，5問]

1.　$a^2+b+3=(b^2-c^2)^2$ をみたす正の整数の組 (a,b,c) をすべて求めよ.

2.　n を3以上の奇数とする. $n \times n$ のマス目を使ってゲームを行う. ゲームは n^2 ターンからなり，各ターンでは以下の操作を順に行う.

- 整数の書き込まれていないマスを1つ選び，1以上 n^2 以下の整数を1つ書き込む. ゲームを通してどの整数も1回しか書き込めない.
- そのマスを含む行，列それぞれについて，書き込まれている整数の和が n の倍数であれば1点 (両方とも n の倍数であれば2点) を得る.

ゲームが終了するまでに得られる点数の総和としてありうる最大の値を求めよ.

3.　正の実数に対して定義され正の実数値をとる関数 f であって，任意の正の実数 x, y に対して

$$f\left(\frac{f(y)}{f(x)}+1\right) = f\left(x+\frac{y}{x}+1\right) - f(x)$$

が成り立つようなものをすべて求めよ.

4.　三角形 ABC の内心を I，内接円を ω とする. また，辺 BC の中点を M とする. 点 A を通り直線 BC に垂直な直線と，点 M を通り直線 AI に垂直な直線の交点を K とするとき，線分 AK を直径とする円は ω に接することを示せ.

5. 正の整数からなる集合 S について，どの相異なる S の要素 x, y, z についてもそれらのうち少なくとも 1 つが $x+y+z$ の約数であるとき，S は**美しい集合**であるという．以下の条件をみたす整数 N が存在することを示し，そのような N のうち最小のものを求めよ．

任意の美しい集合 S について，2 以上の整数 n_S であって，n_S の倍数でない S の要素の個数が N 以下であるようなものが存在する．

解答

【1】　$N = |b^2 - c^2|$ とおく. $N^2 = a^2 + b + 3 \geqq 1 + 1 + 3 = 5$ なので $N \geqq 3$ である. 特に $b \neq c$ が成立するので,

$$N = |b + c||b - c| \geqq (b + 1) \cdot 1 = b + 1$$

であり, $b \leqq N - 1$ が成立する. $a^2 < N^2$ より $a \leqq N - 1$ であるので,

$$0 = N^2 - (a^2 + b + 3) \geqq N^2 - (N - 1)^2 - b - 3 = 2N - b - 4 \geqq N - 3 \quad (*)$$

であり, $N \leqq 3$ を得る. 最初に示した $N \geqq 3$ より $N = 3$ が成立する. このとき, 不等式 $(*)$ の等号が成立するので $a = N - 1 = 2, b = N - 1 = 2$ である. よって, $(c^2 - 4)^2 = 9$ であるので $c^2 = 1, 7$ であり, c は正の整数であるから $c = 1$ が成立する. 以上より, 答は $(a, b, c) = (2, 2, 1)$ である.

【2】　マスに書き込まれた整数について, 点数に関係するのは n で割った余りのみであるから, 0 以上 $n - 1$ 以下の整数を n 回ずつ書き込むとしてもよい.

　求める値が $n(n + 1)$ であることを示す. まず, ゲームが終了するまでに得られる点数の総和が $n(n + 1)$ となる書き込み方を示す. 上から i 行目, 左から j 列目のマスに $i + j$ を n で割った余りを書き込むことにし, 0 を n 個, 1 を n 個, $n - 1$ を n 個, 2 を n 個, $n - 2$ を n 個, $\cdots$ の順に書き込むと, $0, n - 1, n - 2$, $\cdots, \dfrac{n + 1}{2}$ を書き込むたびに 2 点を得るので計 $n(n + 1)$ 点を得られる.

　次に, ゲームが終了するまでに得られる点数の総和は $n(n + 1)$ 以下であることを示す. $A_0 = B_0 = 0$ とし, 1 以上 n^2 以下の整数 i に対し, i ターン目に整数を書き込んだとき, その行に書き込まれている整数の和が n の倍数ならば $A_i = A_{i-1} + 1$, そうでなければ $A_i = A_{i-1}$ とする. 列についても同様にして B_i を定める. このときゲームが終了するまでに得られる点数の総和は $A_{n^2} + B_{n^2}$ となる.

A_{n^2} の最大値について考える. 0 以上 n^2 以下の整数 i に対し, i ターン目終了時に和が n の倍数でないような行の個数を C_i とする. ただし $C_0 = 0$ とする. このとき $A_i + \frac{1}{2}C_i$ は $A_{i-1} + \frac{1}{2}C_{i-1}$ と比べて, i ターン目に 0 を書き込むとき最大 1, そうでないとき最大 $\frac{1}{2}$ 増加することがわかる. 0 は n 回, 0 以外は $n^2 - n = n(n-1)$ 回書き込まれるので $A_{n^2} + \frac{1}{2}C_{n^2} \leqq n + \frac{n(n-1)}{2} = \frac{n(n+1)}{2}$ が成り立つ. C_{n^2} は 0 以上の整数であるため $A_{n^2} \leqq \frac{n(n+1)}{2}$ が成り立つ.

同様に $B_{n^2} \leqq \frac{n(n+1)}{2}$ も成り立つため, ゲームが終了するまでに得られる点数の総和は $n(n+1)$ 以下であることが示された.

【3】　与式へ $y = x$ を代入して, $f(x+2) - f(x) = f(2) > 0$ を得る.

f が単射であることを示す. $y_1 > y_2 > 0, f(y_1) = f(y_2)$ と仮定して矛盾を導く. 与式へ $x = \frac{1}{2}(y_1 - y_2) > 0$ を代入し, さらに, $y = y_1, y = y_2$ をそれぞれ代入した 2 式を比べると, 右辺の第 1 項以外の値は等しくなる. 一方で, 右辺の第 1 項については $f(x+2) - f(x) > 0$ および

$$\left(\frac{1}{2}(y_1 - y_2) + \frac{y_1}{\frac{1}{2}(y_1 - y_2)} + 1\right) - \left(\frac{1}{2}(y_1 - y_2) + \frac{y_2}{\frac{1}{2}(y_1 - y_2)} + 1\right) = 2$$

より 2 式で値が異なる. したがって 2 式は矛盾するから, f は単射である.

与式へ $x = 2$ を代入して,

$$f\left(\frac{f(y)}{f(2)} + 1\right) = f\left(\frac{y}{2} + 3\right) - f(2) = f\left(\frac{y}{2} + 1\right)$$

を得る. これと f が単射であることから $\frac{f(y)}{f(2)} + 1 = \frac{y}{2} + 1$ が成り立ち $f(y) = \frac{f(2)}{2}y$ となる. よって, f は正の実数定数 a を用いて $f(x) = ax$ と表される. 任意の正の実数 a について, $f(x) = ax$ は与式をみたすから, これが答である.

別解　f が単射であることを別の方法で示す.

x_1, x_2 を $x_2 - x_1 > 1$ となる正の実数とする. 与式へ $x = x_1, y = x_1(x_2 - x_1 - 1)$ を代入すると, 左辺は正の実数, 右辺は $f(x_2) - f(x_1)$ となるから, $f(x_2) -$

$f(x_1) > 0$ である．特に，任意の正の実数 x_1, x_2 について，$f(x_1) = f(x_2)$ ならば $|x_1 - x_2| \leqq 1$ である．

正の実数 a, b について，$a \neq b$, $f(a) = f(b)$ とする．与式へ $x = a$, $x = b$ をそれぞれ代入した式を比較すると，$f\left(a + \dfrac{y}{a} + 1\right) = f\left(b + \dfrac{y}{b} + 1\right)$ となるが，y を十分大きくすれば $\left|\left(a + \dfrac{y}{a} + 1\right) - \left(b + \dfrac{y}{b} + 1\right)\right| = \left|y\left(\dfrac{1}{a} - \dfrac{1}{b}\right) + a - b\right| > 1$ となり矛盾する．したがって，f は単射である．

【4】　XY で線分 XY の長さを表すものとする．AB = AC のとき，点 K と点 M は一致するから 2 つの円は M で接する．以下，AB $\neq$ AC の場合を考える．

三角形 ABC の $\angle$A 内の傍接円を Ω とする．ω と辺 BC の接点を D とし，線分 DD′ が ω の直径となるように点 D′ をとる．また，Ω と辺 BC の接点を E とし，線分 EE′ が Ω の直径となるように点 E′ をとる．直線 AD′ と ω の D′ 以外の交点を F，直線 AE′ と Ω の E′ 以外の交点を G とする．

D′ を通る ω の接線と直線 AB, AC の交点をそれぞれ B′, C′ とすると，直線 BC と B′C′ が平行であることから三角形 ABC と三角形 AB′C′ の相似がわかる．点 E は三角形 ABC の $\angle$A 内の傍接円と辺 BC の接点で，点 D′ は三角形 AB′C′ の $\angle$A 内の傍接円と辺 B′C′ の接点であるから三角形 ABC と三角形 AB′C′ の相似において E と D′ は対応する．したがって，3 点 A, D′, E は同一直線上にある．線分 DD′ が ω の直径であることから $\angle$DFD′ = 90° なので，$\angle$DFE = 90° とわかる．同様に，3 点 A, D, E′ も同一直線上にあって，$\angle$DGE = 90° となる．よって，直線 DF と EG の交点を K′ とすると，K′ は三角形 ADE の垂心なので，直線 AK′ は BC に垂直であるとわかる．

ここで，BD $= \dfrac{1}{2}$(AB + BC − CA) = CE となるので，M は線分 DE の中点とわかる．したがって，M における 2 円 ω, Ω の方べきの値は等しい．また，$\angle$DFE = $\angle$DGE = 90° より 4 点 D, E, F, G は同一円周上にある．よって，方べきの定理より K′D・K′F = K′E・K′G が成り立つ．したがって，K′ における 2 円 ω, Ω の方べきの値も等しい．よって，MK′ は ω と Ω の根軸とわかるので，Ω の中心を I_A とすると MK′ は II$_A$ に垂直といえる．3 点 A, I, I$_A$ は同一直線上にあるので，直線 MK′ は AI に垂直であるとわかる．

以上より，点 K′ は K に一致するといえるので，3 点 K, D, F は同一直線上にあるとわかる．また，直線 AK と DD′ はともに BC に垂直であり，これらは平行であるので，三角形 FKA と三角形 FDD′ は相似である．∠AFK = 90° より線分 AK を直径とする円は三角形 FKA の外接円であり，ω は三角形 FDD′ の外接円であるから三角形 FKA と三角形 FDD′ の相似においてこれらの円は対応する．よって 2 つの円は点 F で接することがわかる．

【5】　N の最小値が 6 であることを示す．美しい集合のうち，どの異なる 2 つの要素も互いに素であるようなものを**とても美しい集合**とよぶ．また，以下では整数 x, y について x が y で割りきれることを $y \mid x$ と書く．

まず，N が 5 以下の整数のとき条件をみたさないことを示す．a_1, a_2 を互いに素な 3 以上の奇数とする．中国剰余定理より，3 以上の奇数 a_3 を

$$a_3 \equiv \begin{cases} a_2 & (\mathrm{mod}\ a_1) \\ -a_1 & (\mathrm{mod}\ a_2) \end{cases}$$

をみたすように定めることができる．このとき，a_1 と a_2 は互いに素なので，a_3 と a_1, a_3 と a_2 も互いに素である．同様にして，3 以上の奇数 a_4, a_5 を順に

$$a_4 \equiv \begin{cases} -a_2 & (\mathrm{mod}\ a_1) \\ -a_1 & (\mathrm{mod}\ a_2) \\ -a_2 & (\mathrm{mod}\ a_3) \end{cases}, \qquad a_5 \equiv \begin{cases} -a_2 & (\mathrm{mod}\ a_1) \\ a_1 & (\mathrm{mod}\ a_2) \\ a_2 & (\mathrm{mod}\ a_3) \\ -a_1 & (\mathrm{mod}\ a_4) \end{cases}$$

をみたすように定めると，$a_1, \cdots, a_5$ のうちどの 2 つも互いに素となる．さらに，これらはいずれも 3 以上なので相異なる．ここで，

$$S = \{1, 2, a_1, a_2, a_3, a_4, a_5\}$$

とすると，S は美しい集合となることが確かめられる．また，S のどの異なる 2 つの要素も互いに素であるから，どのように n_S をとってもその倍数は高々 1 つしか含まれない．したがって $N \leqq 5$ のとき条件をみたさない．

次に，$N = 6$ が条件をみたすことを示す．まず，次の 3 つの補題を示す．

補題 1　正の整数 x, y, z が $x < z, y < z, z \mid x + y + z$ をみたすとき，$x + y = z$ である．

証明　$z \mid x + y$ であり，$0 < \dfrac{x+y}{z} < 2$ なので，$\dfrac{x+y}{z} = 1$ である．

補題 2　$x < z, y < z$ となる正の奇数 x, y, z が，$z \mid x + y + z$ をみたすことはない．

証明　補題 1 より $z = x + y$ となるが，x, y, z はすべて奇数であることと矛盾する．

補題 3　S を 1 も偶数も含まないとても美しい集合とする．x, y を $x < y$ をみたす S の要素とするとき，x よりも小さい S の要素 z であって，$x + y$ を割りきらないものは高々 1 個である．

証明　z を x よりも小さい S の要素とするとき，x, y, z は $z < x < y$ をみたす正の奇数であるから，補題 2 より $y \mid x + y + z$ とならない．x, y, z は相異なる S の要素であるから，$x \mid x + y + z$ または $z \mid x + y + z$ となる．

x よりも小さい S の要素 z であって，$x + y$ を割りきらないものが 2 個以上あると仮定する．このような z について，$z \mid x + y + z$ とならないから，$x \mid x + y + z$ である．そのうち 2 つを選んで小さい方から z_1, z_2 とすると，$z_2 - z_1 = (z_2 + y) - (z_1 + y)$ は x で割りきれるが，この値は 1 以上 z_2 未満で，$z_2 < x$ なので矛盾する．したがって補題 3 が示された．

ここで，とても美しい集合の要素の個数が高々 7 であることを示す．偶数は高々 1 つしか含まれないので，1 も偶数も含まれないようなとても美しい集合の要素が 5 個以下であることを示せばよい．要素が 6 個あると仮定し，小さい方から $x_1, x_2, \cdots, x_6$ とする．また，$y_4 = x_5 + x_6, y_5 = x_4 + x_6, y_6 = x_4 + x_5$ とおく．以下，$k = 1, 2, 3$ とする．ある k について x_k が y_4, y_5, y_6 を 3 つとも割りきると仮定すると，x_k は $2x_4 = y_5 + y_6 - y_4$ を割りきるので，x_k が x_4 と互いに素な 3 以上の奇数であることに矛盾する．また，補題 3 より，$l = 4, 5, 6$ について，x_k が y_l を割りきるような k は 2 個以上ある．したがって，x_k が y_l を割りきるような (k, l) の組はちょうど 6 個であり，各 y_l についてそれを割りきる x_k の個数はちょうど 2 個ずつであることがわかる．一方，補題 3 より y_4

は x_1, x_2, x_3, x_4 のうち 3 つ以上で割りきれるので，x_4 で割りきれることがわかる．x_k のうち y_5 を割りきらないものを x_i，y_6 を割りきらないものを x_j とすると，補題 2 より $x_4 \mid x_5 + x_j$，$x_4 \mid x_6 + x_i$ なので，$x_i + x_j = (x_5 + x_j) + (x_6 + x_i) - y_4$ も x_4 で割りきれるが，これは補題 2 に矛盾するので示された．

　S を美しい集合とする．先の議論から，S がとても美しい集合の場合は要素が 7 個以下であり，$n_S = 2$ とすると，n_S の倍数でない要素は 6 個以下しかないとわかる．S がとても美しい集合でないとする．正の整数 n について，S が n 個以上の要素をもつとき，S の要素のうち小さい方から n 番目までの要素からなる集合を S_n とかく．S_n がとても美しい集合ではないような最小の n をとる．S_n の要素の個数は 8 以下である．このとき，ある素数 p が存在して，S_n の要素のうち 2 つを割りきるのでこれらの要素を a, b とする．m が S_n に含まれない S の要素であるとき，a, b, m について美しい集合の条件を考える．$a \mid a + b + m$ または $b \mid a + b + m$ のときは $p \mid a + b + m$ なので，$p \mid m$ となる．また，$m \mid a + b + m$ のときも補題 1 より $m = a + b$ であるから $p \mid m$ となる．よって，$n_S = p$ とすると，n_S の倍数でない S の要素は，a, b 以外の S_n の要素のみで，これらは 6 個以下しかない．

　以上より，$N = 6$ は条件をみたし，これが条件をみたす最小の整数である．

2.4 第30回 日本数学オリンピック 本選 (2020)

● 2020 年 2 月 11 日 [試験時間 4 時間, 5 問]

1. $\dfrac{n^2+1}{2m}$ と $\sqrt{2^{n-1}+m+4}$ がともに整数となるような正の整数の組 (m,n) をすべて求めよ.

2. $\mathrm{BC} < \mathrm{AB}, \mathrm{BC} < \mathrm{AC}$ なる三角形 ABC の辺 AB, AC 上にそれぞれ点 D, E があり, $\mathrm{BD} = \mathrm{CE} = \mathrm{BC}$ をみたしている. 直線 BE と直線 CD の交点を P とする. 三角形 ABE の外接円と三角形 ACD の外接円の交点のうち A でない方を Q としたとき, 直線 PQ と直線 BC は垂直に交わることを示せ. ただし, XY で線分 XY の長さを表すものとする.

3. 正の整数に対して定義され正の整数値をとる関数 f であって, 任意の正の整数 m, n に対して

$$m^2 + f(n)^2 + (m - f(n))^2 \geqq f(m)^2 + n^2$$

をみたすものをすべて求めよ.

4. n を 2 以上の整数とする. 円周上に相異なる $3n$ 個の点があり, これらを**特別な点**とよぶことにする. A 君と B 君が以下の操作を n 回行う.

まず, A 君が線分で直接結ばれていない 2 つの特別な点を選んで線分で結ぶ. 次に, B 君が駒の置かれていない特別な点を 1 つ選んで駒を置く.

A 君は B 君の駒の置き方にかかわらず，n 回の操作が終わったときに駒の置かれている特別な点と駒の置かれていない特別な点を結ぶ線分の数を $\dfrac{n-1}{6}$ 以上にできることを示せ.

5.   ある正の実数 c に対して以下が成立するような，正の整数からなる数列 $a_1, a_2, \cdots$ をすべて求めよ.

任意の正の整数 m, n に対して $\gcd(a_m + n, a_n + m) > c(m + n)$ となる.

ただし，正の整数 x, y に対し，x と y の最大公約数を $\gcd(x, y)$ で表す.

解答

【1】　n^2+1 は $2m$ で割りきれるので偶数である．よって n は奇数であるので，正の整数 l で $n=2l-1$ をみたすものをとることができる．また $\sqrt{2^{n-1}+m+4}$ を k とおくと

$$k^2 = 2^{n-1}+m+4 = 2^{2l-2}+m+4 > 2^{2l-2}$$

が成り立つ．よって $k > 2^{l-1}$ とわかり，k が整数であることから $k \geqq 2^{l-1}+1$ がいえる．このとき k のとり方から

$$m = k^2 - 2^{n-1} - 4 \geqq (2^{l-1}+1)^2 - 2^{2l-2} - 4 = 2^l - 3$$

であり，また $\dfrac{n^2+1}{2m}$ が正の整数であることから $m \leqq \dfrac{n^2+1}{2} = 2l(l-1)+1$ を得る．よってこれらをまとめて

$$2l(l-1)+4 \geqq m+3 \geqq 2^l \tag{$*$}$$

であることがわかる．ここで次の補題が成り立つ．

　補題　任意の 7 以上の整数 a に対して $2a(a-1)+4 < 2^a$ である．

　証明　$2 \cdot 7 \cdot (7-1)+4 = 88,\ 2^7 = 128$ より $a=7$ のときはよい．s を 7 以上の整数として $a=s$ のとき上の式が成り立つと仮定すると，

$$2(2s(s-1)+4) - (2s(s+1)+4) = 2s^2 - 6s + 4 = 2(s-1)(s-2) > 0$$

より $2s(s+1)+4 < 2(2s(s-1)+4) < 2^{s+1}$ とわかるので $a=s+1$ のときも上の式が成り立つ．よって帰納法より任意の 7 以上の整数 a について上の式が成り立つことがわかる．

　この補題より $(*)$ をみたす l は 6 以下である．$\dfrac{n^2+1}{2m} = \dfrac{2l(l-1)+1}{m}$ が整数であるので，m は $2l(l-1)+1$ を割りきることに注意する．

　• $l=1$ のとき $(*)$ より $m=1$ とわかるが，$2^{2l-2}+m+4 = 6$ は平方数で

ないのでこれは条件をみたさない.

- $l = 2$ のとき m は $2l(l-1) + 1 = 5$ を割りきるので $m = 1, 5$ とわかる. $m = 1$ のとき $2^{2l-2} + m + 4 = 9$ であり, $m = 5$ のとき $2^{2l-2} + m + 4 = 13$ となるので $m = 1$ は条件をみたす.

- $l = 3$ のとき (*) より $5 \leqq m \leqq 13$ とわかる. m は $2l(l-1) + 1 = 13$ を割りきるので $m = 13$ だが, このとき $2^{2l-2} + m + 4 = 33$ は平方数でないので条件をみたさない.

- $l = 4$ のとき (*) より $13 \leqq m \leqq 25$ とわかる. m は $2l(l-1) + 1 = 25$ を割りきるので $m = 25$ だが, このとき $2^{2l-2} + m + 4 = 93$ は平方数でないので条件をみたさない.

- $l = 5$ のとき (*) より $29 \leqq m \leqq 41$ とわかる. m は $2l(l-1) + 1 = 41$ を割りきるので $m = 41$ だが, このとき $2^{2l-2} + m + 4 = 301$ は平方数でないので条件をみたさない.

- $l = 6$ のとき (*) より $m = 61$ とわかる. このとき $2^{2l-2} + m + 4 = 1089 = 33^2$ は平方数であり, m は $2l(l-1) + 1 = 61$ を割りきるので $m = 61$ は条件をみたす.

以上より条件をみたす正の整数の組は $(m, n) = (1, 3), (61, 11)$ の 2 個である.

【2】　4 点 A, D, Q, C が同一円周上にあることから $\angle BDQ = \angle ECQ$ であり, 同様に $\angle DBQ = \angle CEQ$ である. これらと $BD = EC$ から, 三角形 BDQ と三角形 ECQ は合同であることがわかる. よって $QD = QC$ となり, これと $BD = BC$ から直線 BQ は線分 CD の垂直二等分線となることがわかる. 特に直線 BQ は直線 CP と垂直であり, 同様に直線 CQ は直線 BP と垂直である. ゆえに Q は三角形 BCP の垂心であり, 直線 PQ と直線 BC が垂直に交わることが示された.

【3】　まず, すべての正の整数 k に対して $f(k) \geqq k$ が成り立つことを k に関する帰納法で示す. $k = 1$ の場合は明らかに成り立つ. ℓ を正の整数とし, $k = \ell$ で成り立つと仮定すると, 与式で $m = \ell, n = \ell + 1$ とすることで

$$\ell^2 + f(\ell+1)^2 + (\ell - f(\ell+1))^2 \geqq f(\ell)^2 + (\ell+1)^2 \geqq \ell^2 + (\ell+1)^2$$

を得る．よって $f(\ell+1)^2 + (\ell - f(\ell+1))^2 \geqq (\ell+1)^2$ である．この両辺から ℓ^2 を引くと

$$2f(\ell+1)(f(\ell+1) - \ell) \geqq (\ell+1)^2 - \ell^2 > 0$$

となり，$f(\ell+1) > \ell$ を得る．$f(\ell+1)$ は整数なので，$f(\ell+1) \geqq \ell+1$ が従う．以上より，$f(k) \geqq k$ がすべての正の整数 k に対して成り立つ．

　次に，n を正の整数とし，与式で $m = f(n)$ とすると，$2f(n)^2 \geqq f(f(n))^2 + n^2$ が任意の正の整数 n に対して成り立つことがわかる．正の整数 s をとり，数列 $a_0, a_1, a_2, \cdots$ を

$$a_0 = s, \qquad a_{k+1} = f(a_k) \quad (k = 0, 1, \cdots)$$

により定めると，上式より $2a_{k+1}^2 \geqq a_{k+2}^2 + a_k^2$ がすべての非負整数 k で成り立つ．このとき，非負整数 k に対して，$a_{k+1} - a_k = f(a_k) - a_k \geqq 0$ かつ $a_{k+1} - a_k$ は整数なので，$a_{k+1} - a_k$ が最小となるような k がとれる．$a_{k+1} > a_k$ が成り立っているとすると，$a_{k+2} = f(a_{k+1}) \geqq a_{k+1}$ とあわせて

$$a_{k+2} - a_{k+1} = \frac{a_{k+2}^2 - a_{k+1}^2}{a_{k+2} + a_{k+1}} < \frac{a_{k+1}^2 - a_k^2}{a_{k+1} + a_k} = a_{k+1} - a_k$$

となり k のとり方に矛盾する．したがって $a_{k+1} = a_k$ でなければならない．これは $f(\ell) = \ell$ となる正の整数 ℓ が存在することを意味する．このとき，$n = \ell$，$m = \ell+1$ を与式に代入すると，

$$(\ell+1)^2 + \ell^2 + 1^2 \geqq f(\ell+1)^2 + \ell^2$$

となり，$f(\ell+1)^2 \leqq (\ell+1)^2 + 1 < (\ell+2)^2$ を得る．よって $f(\ell+1) = \ell+1$ であり，帰納的にすべての ℓ 以上の整数 k に対して $f(k) = k$ であることがわかる．また，ある 2 以上の整数 ℓ に対して $f(\ell) = \ell$ が成り立っているとき，与式で $n = \ell$，$m = \ell-1$ とすると，

$$(\ell-1)^2 + \ell^2 + 1^2 \geqq f(\ell-1)^2 + \ell^2$$

となり，$f(\ell-1)^2 \leqq (\ell-1)^2 + 1 < \ell^2$ を得る．したがって $f(\ell-1) = \ell-1$ であり，この場合も帰納的にすべての ℓ 以下の正の整数 k に対して $f(k) = k$ と

なる.

逆に $f(n) = n$ がすべての正の整数 n について成り立っているとき与式は成り立つので,これが解である.

【4】 $n = 6m + 2 + k$ をみたすような非負整数 m と 0 以上 5 以下の整数 k をとる.A 君は以下のように線分を引くことで,駒の置かれている特別な点と駒の置かれていない特別な点を結ぶ線分の数を $\left\lceil \dfrac{n-1}{6} \right\rceil = \left\lceil \dfrac{6m+1+k}{6} \right\rceil = m + 1$ 以上にできる.(ただし,実数 r に対して r 以上の最小の整数を $\lceil r \rceil$ で表す.)

はじめの k 回はどのように線分を引いてもよい.k 回目の操作が終了した後,いずれの線分の端点にもなっておらず駒も置かれていない特別な点が $3n - 3k = 3(6m + 2)$ 個以上あるから,そのうちの $3(6m + 2)$ 個を選ぶ.これらを良い点とよぶことにする.

次の $4m + 1$ 回の操作では,いずれの線分の端点にもなっていない良い点を 2 つ選んで線分で結ぶ.これらの線分を良い線分とよぶことにする.また,$4m + 1 + k$ 回目の操作が終わったときに駒の置かれている特別な点の集合を X,駒の置かれていない特別な点の集合を Y とする.良い線分のうち,両端が X に属するものの数を a,そうでないものの数を b とする.このとき,$a + b = 4m + 1$ である.また,駒の置かれている良い点は $4m + 1$ 個以下であるから,$a \leqq \dfrac{4m+1}{2}$ であり,a は整数であるから $a \leqq 2m$ である.したがって,$b \geqq 2m + 1$ であるから,少なくとも一方の端点が Y に属するような $2m + 1$ 本の良い線分 $e_1, e_2, \cdots, e_{2m+1}$ を選ぶことができる.以下では i を 1 以上 $2m + 1$ 以下の整数とする.e_i の端点のうち Y に属するものを 1 つ選び v_i とし,もう一方の端点を u_i とする.また,X に属する特別な点を 1 つ選んで x とする.さらに,Y に属する特別な点のうち,いずれの線分の端点にもなっていないものが $3n - 3(k + 4m + 1) = 3(2m + 1)$ 個以上あるから,そのうちの $2m + 1$ 個を選んで,$y_1, y_2, \cdots, y_{2m+1}$ とする.このとき,$u_1, u_2, \cdots, u_{2m+1}, v_1, v_2, \cdots, v_{2m+1}, y_1, y_2, \cdots, y_{2m+1}$ は相異なる特別な点である.$k + 4m + 1 + i$ 回目の操作では次のように線分を引く.

u_i が X に属するとき,v_i と y_i を線分で結ぶ.u_i が Y に属するとき,v_i と x を線分で結ぶ.

さて，A 君がこのように線分を引いたとき，B 君の駒の置き方にかかわらず駒の置かれている特別な点と駒の置かれていない特別な点を結ぶ線分の数が $m+1$ 以上であることを示す．$k+4m+1+i$ 回目に引いた線分を f_i とする．また，u_i が X に属するとき $w_i = y_i$ とし，u_i が Y に属するとき $w_i = u_i$ とする．e_i と f_i がともに，駒の置かれている特別な点と駒の置かれていない特別な点を結ぶ線分でないようにするには v_i と w_i の両方に駒が置かれなければならない．一方で，n 回目の操作が終わったとき，駒の置かれている Y に属する特別な点は $2m+1$ 個以下であり，$v_1, v_2, \cdots, v_{2m+1}, w_1, w_2, \cdots, w_{2m+1}$ は相異なる Y に属する特別な点であるから，v_i と w_i のいずれかには駒が置かれていないような i が $m+1$ 個以上存在する．したがって，駒の置かれている特別な点と駒の置かれていない特別な点を結ぶ線分は $m+1$ 本以上存在する．

【5】　ある非負整数 d に対して $a_n = n+d$ となる数列 $a_1, a_2, \cdots$ は条件をみたす．実際 $\gcd(a_m + n, a_n + m) = n + m + d > \dfrac{n+m}{2}$ なので，$c = \dfrac{1}{2}$ とすれば条件をみたす．以下，数列 $a_1, a_2, \cdots$ がある非負整数 d を用いて $a_n = n+d$ と書けることを示す．

まず，任意の正の整数 n に対して $|a_{n+1} - a_n| \leqq c^{-2}$ となることを示す．n を正の整数として $d = a_{n+1} - a_n$ とする．まず $d > 0$ の場合を考える．$k > \dfrac{a_n}{d}$ なる正の整数 k をとり，n と $kd - a_n$ に対して与式を用いると $\gcd(kd, a_{kd - a_n} + n) > c(kd - a_n + n)$ となる．さらに $n+1$ と $kd - a_n$ に対して与式を用いると，$d = a_{n+1} - a_n$ より $\gcd((k+1)d, a_{kd - a_n} + n + 1) > c(kd - a_n + n + 1)$ となる．ここで次の補題を示す．

補題　a, b, s, t を正の整数とする．s と t が互いに素のとき $\gcd(a, s)\gcd(b, t) \leqq \mathrm{lcm}(a, b)$ である．ただし，正の整数 x, y に対し，x と y の最小公倍数を $\mathrm{lcm}(x, y)$ で表す．

証明　素数 p および正の整数 N に対し，N が p^k で割りきれるような最大の非負整数 k を $\mathrm{ord}_p N$ で表すとき，任意の素数 p に対して $\mathrm{ord}_p(\gcd(a, s)\gcd(b, t)) \leqq \mathrm{ord}_p \mathrm{lcm}(a, b)$ を示せばよい．s, t が互いに素であることから対称性より s が p で割りきれないとしてよく，$\mathrm{ord}_p s = 0$ となる．このとき正の整数 M, N に対

して M が N を割りきるならば $\operatorname{ord}_p M \leqq \operatorname{ord}_p N$ であることを用いると,

$$\operatorname{ord}_p(\gcd(a,s)\gcd(b,t)) = \operatorname{ord}_p \gcd(a,s) + \operatorname{ord}_p \gcd(b,t)$$

$$\leqq \operatorname{ord}_p s + \operatorname{ord}_p b \leqq \operatorname{ord}_p \operatorname{lcm}(a,b)$$

とわかる.

　補題より $\gcd(kd, a_{kd-a_n} + n)\gcd((k+1)d, a_{kd-a_n} + n+1) \leqq \operatorname{lcm}(kd, (k+1)d) \leqq k(k+1)d$ とわかる. したがって, $k(k+1)d > c^2(kd-a_n+n)(kd-a_n+n+1)$ が十分大きい任意の整数 k に対して成り立つ. 左辺, 右辺ともに k の 2 次式であり, それぞれの 2 次の係数が $d, c^2 d^2$ であるから, $d \geqq c^2 d^2$ つまり $d \leqq c^{-2}$ となる. $d < 0$ の場合も同様にして $-d \leqq c^{-2}$ が成り立つので $|d| \leqq c^{-2}$ が示された.

　ここで n と $n+1$ に対して与式を用いると $\gcd(a_n+n+1, a_{n+1}+n) > c(2n+1)$ である. いま $a_n+n+1 \neq a_{n+1}+n$ とすると, $\gcd(a_n+n+1, a_{n+1}+n) \leqq |a_{n+1}-a_n-1| \leqq c^{-2}+1$ であるから $c^{-2}+1 > c(2n+1)$ である. よって $c^{-2}+1 \leqq c(2n+1)$ なる正の整数 n に対しては $a_n+n+1 = a_{n+1}+n$ となる. つまり十分大きい正の整数 n に対して $a_{n+1} = a_n+1$ となるから, $n \geqq N$ ならば $a_n = n+d$ となる正の整数 N と整数 d が存在する. いま $a_m \neq m+d$ となる正の整数 m が存在したとする. n を N 以上の整数として与えられた式を用いると, $c(m+n) < \gcd(a_m+n, m+n+d) \leqq |a_m-m-d|$ となり n を十分大きくとることで矛盾する. したがって, 任意の正の整数 m に対して $a_m = m+d$ となる. $a_1 \geqq 1$ より d は非負であるので, 求める数列は非負整数 d を用いて $a_n = n+d$ と書けることが示された.

2.5 第31回 日本数学オリンピック 本選 (2021)

● 2021 年 2 月 11 日 [試験時間 4 時間, 5 問]

1. 正の整数に対して定義され正の整数値をとる関数 f であって, 正の整数 m, n に対する次の 2 つの命題が同値となるようなものをすべて求めよ.

- n は m を割りきる.
- $f(n)$ は $f(m) - n$ を割りきる.

2. n を 2 以上の整数とする. 縦 n マス横 2021 マスのマス目を使って太郎 君と次郎君が次のようなゲームをする. まず, 太郎君がそれぞれのマス を白または黒で塗る. その後, 次郎君は 1 番上の行のマス 1 つに駒を置 き, 1 番下の行のマス 1 つをゴールとして指定する. そして, 太郎君が以 下の操作を $n-1$ 回繰り返す.

> 駒のあるマスが白く塗られているとき, 駒を 1 つ下のマスに動 かす. そうでないとき, 駒を左右に隣りあうマスに動かした後 1 つ下のマスに動かす.

次郎君の行動にかかわらず, 太郎君が必ず駒をゴールへ移動させるこ とができるような n としてありうる最小の値を求めよ.

3. 鋭角三角形 ABC の辺 AB, AC 上にそれぞれ点 D, E があり, BD = CE をみたしている. また, 線分 DE 上に点 P が, 三角形 ABC の外接円の A を含まない方の弧 BC 上に点 Q があり, BP : PC = EQ : QD をみたし

ている. ただし, 点 A, B, C, D, E, P, Q は相異なるものとする. このとき ∠BPC = ∠BAC + ∠EQD が成り立つことを示せ.

なお, XY で線分 XY の長さを表すものとする.

4. 2021 個の整数 $a_1, a_2, \cdots, a_{2021}$ が, 任意の 1 以上 2016 以下の整数 n に対して

$$a_{n+5} + a_n > a_{n+2} + a_{n+3}$$

をみたしている. $a_1, a_2, \cdots, a_{2021}$ の最大値と最小値の差としてありうる最小の値を求めよ.

5. n を正の整数とする. 次の条件をみたす 1 以上 $2n^2$ 以下の整数 k をすべて求めよ.

> $2n \times 2n$ のマス目がある. k 個の相異なるマスを選び, 選んだマスを黒色に, その他のマスを白色に塗る. このとき, 白色のマスと黒色のマスをともに含むような 2×2 のマス目の個数としてありうる最小の値は $2n - 1$ である.

解答

【1】　k を正の整数とすると，k は k を割りきるので，条件より $f(k)$ は $f(k) -$ k を割りきる．よって $f(k)$ は k を割りきる．

すべての正の整数 k に対して $f(k) = k$ が成り立つことを k に関する帰納法で示す．$k = 1$ の場合は明らかに成り立つ．l を正の整数とし，$k \le l$ なる k で成り立つと仮定し，$k = l + 1$ のときを示す．$f(l+1) \le l$ として矛盾を導く．$f(l+1)$ は $f(l+1) - (l+1)$ を割りきり，また，帰納法の仮定より $f(f(l+1)) = f(l+1)$ となるので，$f(l+1)$ は $f(f(l+1)) - (l+1)$ を割りきる．一方，$l+1$ は $f(l+1)$ を割りきらないので，$n = l+1, m = f(l+1)$ のときの 2 つの命題の同値性に矛盾する．よって $f(l+1) \ge l+1$ であり，$f(l+1)$ は $l+1$ の約数なので $f(l+1) = l+1$ が従う．以上より，すべての正の整数 k に対して $f(k) = k$ であることがわかる．

逆に $f(n) = n$ がすべての正の整数 n について成り立っているとき条件をみたすので，これが解である．

【2】　答は $n = 2022$ である．

まず，$n \ge 2022$ であることを示す．(i, j) で上から i 行目，左から j 列目にあるマスを表すことにする．(i, j) にある駒が 1 回の操作で (i', j') に動かされるとき，$i' = i+1, |j' - j| \le 1$ となる．ゆえに，(a, b) にある駒を何回かの操作で (c, d) に移動させるには $a \le c$ かつ $|d - b| \le c - a$ となる必要がある．よって，次郎君が $(1, 1)$ に駒を置き，$(n, 2021)$ をゴールとして指定したときを考えると，$|2021 - 1| \le n - 1$ より，$n \ge 2021$ が成り立つ．

$n = 2021$ のとき，次郎君が $(1, 1)$ に駒を置き，$(2021, 2021)$ をゴールとして指定したならば，$1 \le k \le 2020$ なる k について (k, k) から $(k+1, k+1)$ へと駒を動かす必要があるから，太郎君は (k, k) をすべて黒で塗っていなければならない．このとき，$1 \le k \le 2020$ なる k について $(1, 1)$ から $(k+1, k)$ へ駒を移動

させられないことを帰納法によって示す. $k = 1$ のときは $(1, 1)$ が黒であるからよい. $k \geqq 2$ のとき, $(k+1, k)$ へは, $(k, k-1), (k, k), (k, k+1)$ からしか動かせないことに注意する. ここで, $|(k+1) - 1| > k - 1$ より $(1, 1)$ から $(k, k+1)$ へは移動させられない. また, 帰納法の仮定より $(k, k-1)$ へも移動させられない. そして, いま (k, k) は黒で塗られているから, そこからも $(k+1, k)$ へは動かせない. よって帰納法より, $(1, 1)$ から $(2021, 2020)$ へ駒を移動させられず, $n \geqq 2022$ がわかる.

逆に $n = 2022$ のとき可能なことを示す. まず, 太郎君は $i \geqq 4$ をみたす (i, j) をすべて黒く塗る. このとき, 3 以上 2019 以下の奇数 a と 1 以上 2021 以下の奇数 b について, $(4, a)$ から $(2022, b)$ へ駒を移動させることが可能であり, 同様に, 2 以上 2020 以下の偶数 a, b について, $(4, a)$ から $(2022, b)$ へ駒を移動させることが可能である.

次に, $1 \leqq i \leqq 3$ をみたす (i, j) については, $0 \leqq k \leqq 336$ なる k に対して, $(1, 3k+1), (1, 2021-k), (1, 3k+3), (1, 2019-3k), (2, 3k+2), (2, 2020-3k), (3, 3k+1), (3, 2021-3k)$ と表せるマスを黒く塗り, それ以外を白く塗る. ただし, $k = 336$ について $(1, 3k+3)$ と $(1, 2019-3k)$ は同じマスである. このとき太郎君が必ず駒をゴールに移動させられることを示す. マス目の塗り方は左右対称だから, $1 \leqq a \leqq 1011$ なる a について $(1, a)$ から 2022 行目の任意のマスに駒を移動させられることを示せばよい. $0 \leqq k \leqq 336$ なる k について, $(1, 3k+1), (1, 3k+2), (1, 3k+3)$ のいずれからも $(2, 3k+2)$ へと駒を動かせ, それぞれ $(3, 3k+1), (3, 3k+3)$ を経由して $(4, 3k+2), (4, 3k+3)$ のどちらへも移動させられる. よって, 先の事実とあわせれば, $(1, a)$ から 2022 行目の任意のマスに駒を移動させられることがわかる. 以上より, $n = 2022$ のとき可能なことが示された.

【3】　直線 QD, QE と三角形 ABC の外接円の交点のうち, Q でない方をそれぞれ F, G とする. さらに, 直線 BG と CF の交点を R とする. このとき, 同一円周上にある 6 点 A, B, G, Q, F, C についてパスカルの定理を用いることで, D, E, R が同一直線上にあることがわかる. 先の 6 点は A, F, B, Q, C, G の順に同一円周上にあるので, 特に R は線分 DE 上にある. ここで P = R を示す.

まず $BP : PC = BR : RC$ であることを示す．三角形 BRC に正弦定理を用いることで

$$BR : RC = \sin \angle RCB : \sin \angle CBR = \sin \angle DQB : \sin \angle CQE$$

を得る．一方で，三角形 DQB と三角形 CQE に正弦定理を用いることで

$$BP : PC = QE : QD = CE \cdot \frac{\sin \angle ECQ}{\sin \angle CQE} : BD \cdot \frac{\sin \angle QBD}{\sin \angle DQB}$$

を得る．$\angle ECQ + \angle QBD = 180°$ および $BD = CE$ より

$$BP : PC = \sin \angle DQB : \sin \angle CQE = BR : RC$$

となるので示された．

ここで，P と R が異なる点であると仮定して矛盾を導く．D, P, R, E がこの順に並んでいるとき

$$\angle CBR < \angle CBP < \angle CBA < 90°,$$

$$\angle PCB < \angle RCB < \angle ACB < 90°$$

となるので $\sin \angle CBR < \sin \angle CBP$, $\sin \angle PCB < \sin \angle RCB$ である．よって，正弦定理より

$$\frac{PC}{BP} = \frac{\sin \angle CBP}{\sin \angle PCB} > \frac{\sin \angle CBR}{\sin \angle RCB} = \frac{RC}{BR}$$

となり $BP : PC = BR : RC$ に矛盾する．同様にして，D, R, P, E がこの順に並んでいる場合も矛盾する．よって，背理法により P = R が示された．

以上より

$$\angle BPC = \angle BRC = 180° - \angle RCB - \angle CBR = 180° - \angle DQB - \angle CQE$$

となり，これと

$$\angle DQB + \angle CQE = \angle CQB - \angle EQD = 180° - \angle BAC - \angle EQD$$

から $\angle BPC = \angle BAC + \angle EQD$ である．よって示された．

【4】   85008 がありうる最小の値である．

　まず, 最大値と最小値の差が 85008 以上であることを示す. $a_1, a_2, \ldots, a_{2021}$ を条件をみたす 2021 個の整数とする. n を 1 以上 2016 以下の整数とすると, 条件から $a_{n+5} - a_{n+3} > a_{n+2} - a_n$ となり, 両辺が整数なので

$$a_{n+5} - a_{n+3} \geqq a_{n+2} - a_n + 1$$

が成り立つ. m を 1 以上 1006 以下の整数として, 506 個の整数 $n = m, m+2, \ldots, m+1010$ に対してこの式を辺々足し合わせることで, $a_{m+1015} - a_{m+3} \geqq a_{m+1012} - a_m + 506$ がわかり, 変形して

$$a_{m+1015} - a_{m+1012} \geqq a_{m+3} - a_m + 506$$

を得る. さらに, 336 個の整数 $m = 1, 4, \ldots, 1006$ に対してこの式を辺々足し合わせることで $a_{2021} - a_{1013} \geqq a_{1009} - a_1 + 170016$ がわかり, 変形して $(a_{2021} - a_{1013}) + (a_1 - a_{1009}) \geqq 170016$ を得る. よって, $a_{2021} - a_{1013}$ と $a_1 - a_{1009}$ のうち少なくとも一方は $\dfrac{170016}{2} = 85008$ 以上であり, 特に最大値と最小値の差は 85008 以上である.

　次に, 条件をみたし最大値と最小値の差が 85008 となるような 2021 個の整数 $a_1, a_2, \ldots, a_{2021}$ が存在することを示す. 1 以上 2021 以下の整数 n を 336 以下の非負整数 q と 5 以下の非負整数 r を用いて $n = 6q + r$ と表し, 整数 a_n を

$$\begin{cases} 3(q-168)(q-169) + 1 & (r = 0), \\ (q-168)(3q+r-507) & (1 \leqq r \leqq 5) \end{cases}$$

と定める. n が 2020 以下のとき $a_{n+1} - a_n$ は

$$(q-168)(3q+1-507) - (3(q-168)(q-169)+1) = q - 169$$

$$(r = 0),$$

$$(q-168)(3q+(r+1)-507) - (q-168)(3q+r-507) = q - 168$$

$$(1 \leqq r \leqq 4),$$

$$3((q+1)-168)((q+1)-169) + 1 - (q-168)(3q+5-507) = q - 167$$

$$(r = 5)$$

であるから

$$a_1 \geqq a_2 \geqq \cdots \geqq a_{1010} \geqq a_{1011} \leqq a_{1012} \leqq \cdots \leqq a_{2020} \leqq a_{2021}$$

を得る．よって $a_1, a_2, \ldots, a_{2021}$ の最小値は $a_{1011} = 0$ で最大値は $a_1 = a_{2021} = 85008$ であり，その差は 85008 である．また，この 2021 個の整数 $a_1, a_2, \ldots, a_{2021}$ は条件をみたす．実際，n が 2019 以下のとき $a_{n+2} - a_n = (a_{n+2} - a_{n+1}) + (a_{n+1} - a_n)$ は

$$\begin{cases} 2q - 337 & (r = 0), \\ 2q - 336 & (1 \leqq r \leqq 3), \\ 2q - 335 & (4 \leqq r \leqq 5) \end{cases}$$

であり，さらに n が 2016 以下であれば $(a_{n+5}+a_n)-(a_{n+2}+a_{n+3}) = (a_{(n+3)+2}-a_{n+3}) - (a_{n+2} - a_n)$ は

$$\begin{cases} (2q - 336) - (2q - 337) = 1 & (r = 0), \\ (2q - 335) - (2q - 336) = 1 & (r = 1, 2), \\ (2(q+1) - 337) - (2q - 336) = 1 & (r = 3), \\ (2(q+1) - 336) - (2q - 335) = 1 & (r = 4, 5) \end{cases}$$

というように正の値となり，条件をみたしている．

以上より答は 85008 である．

【5】　上から i 行目，左から j 列目にあるマスを (i, j) と表し，(i, j), $(i+1, j)$, $(i, j+1)$, $(i+1, j+1)$ からなる 2×2 のマス目を $[i, j]$ と表すことにする．また，あるマスの集合が白色のマスと黒色のマスをともに含むとき，そのマスの集合が**混色**であるとよぶことにする．

まず $1 \leqq k \leqq n^2$ の場合を考える．$k = an + b$ となるような 0 以上 $n-1$ 以下の整数 a と 1 以上 n 以下の整数 b をとる．$1 \leqq i \leqq a$ かつ $1 \leqq j \leqq n$，もしくは $i = a+1$ かつ $1 \leqq j \leqq b$ であるようなマス (i, j) を黒色で塗り，その他のマ

スを白色で塗る. このとき, $[i, j]$ が混色となるのは $1 \leqq i \leqq a$ かつ $j = n$, もしくは $i = a$ かつ $b \leqq j < n$, もしくは $i = a + 1$ かつ $1 \leqq j \leqq b$ となるときなので, 混色である 2×2 のマス目は $a = 0$ のとき b 個, $a \geqq 1$ のとき $n + a$ 個存在する. よって, $k \leqq n^2 - n$ のときは条件をみたさず, $n^2 - n + 1 \leqq k \leqq n^2$ のときは混色である 2×2 のマス目の個数を $2n - 1$ にすることができる.

　次に $n^2 - n + 1 \leqq k \leqq 2n^2$ の場合を考える. このとき, 混色である 2×2 のマス目が必ず $2n - 1$ 個以上存在することを示す. まず, どの行も混色である場合を考える. このとき, 任意の $1 \leqq i < 2n$ について, (i, j) と $(i, j + 1)$ の色が異なるような $1 \leqq j < 2n$ が存在し, この j について $[i, j]$ は混色となる. よって, 混色である 2×2 のマス目は $2n - 1$ 個以上存在することが示された. 同様にして, どの列も混色である場合も示せる. よって, ある行とある列があって, その行またはその列に含まれるマスの色がすべて同じ場合に示せば十分である. ここで, 次の補題を示す.

　補題　R, C を 1 以上の整数とする. $R \times C$ のマス目の各マスが白と黒のいずれか一方の色で塗られている. 1 番上の行にあるマスと 1 番左の列にあるマスの色がすべて同じで, さらにその色と異なる色のマスが m 個あるとき, 混色である 2×2 のマス目の個数は $2\sqrt{m} - 1$ 以上である.

　証明　$m = 0$ の場合は明らかなので, $m \geqq 1$ としてよい. 混色である行の個数を a, 混色である列の個数を b とするとき, 混色である 2×2 のマス目が $a + b - 1$ 個以上あることを示す. 1 番左上のマスと異なる色のマスが属する行および列は必ず混色であるから, $ab \geqq m$ が成り立つ. 相加・相乗平均の不等式から $a + b \geqq 2\sqrt{ab} \geqq 2\sqrt{m}$ なので, これが示せれば十分である.

　ここで, 混色である 2×2 のマス目を頂点とし, 次のように辺を張ったグラフ G を考える.（以下で用いるグラフ理論の用語については本解答末尾を参照のこと.）

　　　各整数 $1 < i < R$ について, 上から i 行目が混色であるならば, (i, j) と $(i, j + 1)$ の色が異なるような $1 \leqq j < C$ を 1 つとり, $[i - 1, j]$ と $[i, j]$ の間に辺を張る. 同様に, 各整数 $1 < j < C$ について, 左から j 列目が混色であるならば, (i, j) と $(i + 1, j)$ の色が異なる

ような $1 \leqq i < R$ を 1 つとり，$[i, j-1]$ と $[i, j]$ の間に辺を張る．

このとき，G はサイクルを含まないことを示す．G の辺を 1 つ任意にとる．一般性を失わずに，$1 < i < R$ と $1 \leqq j < C$ を用いて，この辺が $[i-1, j]$ と $[i, j]$ を結んでいるとしてよい．このとき，G の辺の張り方より，この辺以外に，上から 1 行目から i 行目までに含まれる 2×2 のマス目と上から i 行目から R 行目までに含まれる 2×2 のマス目を結ぶような辺は存在しないから，G はサイクルを含まない．

いま $m \geqq 1$ より G は 1 つ以上の頂点をもつ．G がサイクルをもたないことより G の各連結成分は木であり，その辺数はその頂点数よりもちょうど 1 多い．したがって，G の頂点数を V，辺数を E，連結成分数を C とすると，$V = E + C$ となる．辺の張り方より $E \geqq (a-1) + (b-1)$ であり，$C \geqq 1$ とあわせて $V \geqq a + b - 1$ を得る．よって示された．

1 以上 $2n$ 以下の整数 i, j を，上から i 行目にあるマスと左から j 列目にあるマスの色がすべて同じであるようにとる．その色とは異なる色のマスであって，

- 上から 1 行目から i 行目まで，かつ左から 1 列目から j 列目までにあるマスの個数を a

- 上から 1 行目から i 行目まで，かつ左から j 列目から $2n$ 列目までにあるマスの個数を b

- 上から i 行目から $2n$ 行目まで，かつ左から 1 列目から j 列目までにあるマスの個数を c

- 上から i 行目から $2n$ 行目まで，かつ左から j 列目から $2n$ 列目までにあるマスの個数を d

とする．$f(m)$ を 0 と $2\sqrt{m} - 1$ のうち大きい方とすると，混色である 2×2 のマス目の個数は補題より $f(a) + f(b) + f(c) + f(d)$ 以上である．$m \geq 1$ に対して $g(m) = \dfrac{f(m)}{m}$ とおき，さらに $g(0) = g(1) = 1$ とおく．このとき，f は広義単調増加であり，$f(m) = mg(m)$ が任意の $m \geq 0$ で成り立っている．また，任

意の $1 \leqq l \leqq m$ に対して

$$g(m) - g(l) = \frac{2\sqrt{m} - 1}{m} - \frac{2\sqrt{l} - 1}{l}$$

$$= \left(\frac{2}{\sqrt{m}} - \frac{2}{\sqrt{l}}\right) - \left(\frac{1}{m} - \frac{1}{l}\right)$$

$$= \left(\frac{2}{\sqrt{m}} - \frac{2}{\sqrt{l}}\right)\left(1 - \left(\frac{1}{2\sqrt{m}} + \frac{1}{2\sqrt{l}}\right)\right)$$

$$\leqq 0$$

なので，$g(0) = g(1)$ とあわせて g は広義単調減少である．$a+b+c+d$ は k もしくは $4n^2 - k$ であるから，$n^2 - n + 1 \leqq k \leqq 2n^2$ より $a+b+c+d \geqq k \geqq n^2 - n + 1$ なので，

$f(a) + f(b) + f(c) + f(d)$

$= ag(a) + bg(b) + cg(c) + dg(d)$

$\geqq ag(a+b+c+d) + bg(a+b+c+d) + cg(a+b+c+d) + dg(a+b+c+d)$

$= (a+b+c+d)g(a+b+c+d)$

$= f(a+b+c+d)$

$\geqq f(n^2 - n + 1)$

$> 2n - 2$

となる．よって混色である 2×2 のマス目が少なくとも $2n - 1$ 個存在することが示された．特に，$n^2 - n + 1 \leqq k \leqq n^2$ なる整数 k が条件をみたすことが示された．

　最後に $n^2 + 1 \leqq k \leqq 2n^2$ の場合を考える．混色である 2×2 のマス目の個数が $2n - 1$ になるとき，k は $2n$ の倍数であることを示す．$n = 1$ の場合は明らかであるので，$n \geqq 2$ とする．

　まず，ある行とある列があって，その行またはその列に含まれるマスの色がすべて同じであるとすると，先の議論から混色である 2×2 のマス目の個数が

$f(k)$ 以上となるので，$f(k) > 2n-1$ より不適である．よって，すべての行が混色であるとして一般性を失わない．このとき，任意の $1 \leqq i < 2n$ について $[i,j]$ が混色となる $1 \leqq j < 2n$ はちょうど 1 つである．よって，任意の $1 \leqq i \leqq 2n$ について (i,j) と $(i,j+1)$ の色が異なるような $1 \leqq j < 2n$ はちょうど 1 つであり，その j の値は i によらず等しいことがわかる．その値を再び j とおく．ここで，$1 \leqq i < 2n$ について，$(i,1)$ と $(i+1,1)$ の色が異なるとすると，$(i,2n)$ と $(i+1,2n)$ の色も異なるため，$[i,1]$ と $[i,2n-1]$ がともに混色となり，$n \geqq 2$ より矛盾する．よって，任意の $1 \leqq i < 2n$ について $(i,1)$ と $(i+1,1)$ の色は同じなので，$(1,1)$ と同じ色のマスが $2jn$ 個，$(1,2n)$ と同じ色のマスが $2n(2n-j)$ となり，特に k は $2n$ の倍数である．

　ここで k が $2n$ の倍数のとき，$a = \dfrac{k}{2n}$ とすると，左から 1 列目から a 列目にあるマスを黒色で塗り，その他のマスを白色で塗れば，混色である 2×2 のマス目の個数は $2n-1$ となる．よって $n^2+1 \leqq k \leqq 2n^2$ の場合は，k が $2n$ の倍数のとき，およびそのときに限って条件をみたすことが示された．

　以上より，求める k は $n^2-n+1 \leqq k \leqq n^2$ なる整数 k および $n^2+1 \leqq k \leqq 2n^2$ なる $2n$ の倍数 k である．

参考. 以下，解答で用いたグラフ理論の用語を解説する．

- **パス**とは，相異なる頂点の組 $(v_1, v_2, \cdots, v_n)$ であって，$1 \leqq i \leqq n-1$ に対して，v_i と v_{i+1} が辺で結ばれているものをいう．このとき，v_1 を**始点**といい，v_n を**終点**という．

- **サイクル**とは，3 個以上の頂点からなるパスであって，その始点と終点が辺で結ばれているものをいう．

- **連結成分**とは，頂点の集合であって，ある頂点 v を用いて，v を始点とするパスの終点となりうる頂点全体として表されるものである．

- **木**とは，サイクルをもたず，連結成分が 1 つであるグラフのことをいう．木の頂点の数は辺の数よりちょうど 1 大きいことが知られている．

第3部

アジア太平洋数学オリンピック

3.1　第33回 アジア太平洋数学オリンピック (2021)

● 2021 年 3 月 9 日 [試験時間 4 時間, 5 問]

1. 　r を 2 より大きい実数とする. 正の実数 x であって $x^2 = r[x]$ をみたすものは 2 個または 3 個であることを示せ. ただし, 実数 r に対して r を超えない最大の整数を $[r]$ で表す.

2. 　多項式 P と正の整数 n について, P_n を $a < b \leqq n$ をみたす正の整数の組 (a, b) であって $|P(a)| - |P(b)|$ が n で割りきれるようなものの個数とする. 任意の n について $P_n \leqq 2021$ となるような整数係数多項式 P をすべて求めよ.

3. 　円に内接する凸四角形 ABCD があり, その外接円を Γ とする. 点 E を対角線 AC, BD の交点とし, 点 L を辺 AB, BC, CD に接する円の中心とし, 点 M を Γ の弧 BC であって A と D を含まない方の中点とする. 三角形 BCE の角 E 内の傍心は直線 LM 上にあることを示せ.

　ただし, 三角形 BCE の角 E 内の傍心とは, 線分 BC, 半直線 EB, 半直線 EC に接する円のうち, 内接円でないものの中心をさす.

4. 　32×32 のマス目があり, ネズミが左下のマスにいて盤面の上端の方向を向いている. 左下以外のいくつかのマスを指定して 1 マスに 1 つずつチーズの塊 を置くことを考える. 置かれた後, ネズミは盤面の外に出るまで次の動きを繰り返す.

　　まっすぐ進み, チーズのあるマスに着いたら, チーズの塊を齧って今までの進行方向から右に 90 度回る. 盤面の端に着いたら盤

面から落ちる.

このようにネズミが動いたとき, どのチーズの塊もちょうど1回ずつ齧った上でネズミが盤面から落ちるとき, チーズの置き方を**良い置き方**ということにする.

(a) ちょうど888個のチーズの塊を用いる良い置き方は存在しないことを示せ.

(b) 666個以上のチーズの塊を用いる良い置き方が存在することを示せ.

5. 整数に対して定義され整数値をとる関数 f であって, 次の条件をみたすものをすべて求めよ.

任意の整数 a, b に対して $f(f(a) - b) + bf(2a)$ が平方数となる.

解答

【1】　x を $x^2 = r[x]$ となる正の実数とする．$k = [x]$ は整数で $k = \dfrac{x^2}{r} > 0$ をみたすので 1 以上である．$0 < k \leqq x < k+1$ から $k^2 \leqq x^2 = rk < (k+1)^2 \leqq k^2 + 3k$ なので $k \leqq r < k+3$，つまり $r - 3 < k \leqq r$ を得る．よってあり得る k の値は高々 3 通りであり，$x = \sqrt{rk}$ なのであり得る x の値も高々 3 通りである．

一方，$x = \sqrt{r[r]}$ は条件をみたす．実際このとき $[r]^2 \leqq x^2 = r[r] < ([r]+1)^2$ であるから $[x] = [r]$ であり，$x^2 = r[r] = r[x]$ が成立する．また，$x = \sqrt{r([r]-1)}$ も条件をみたす．実際このとき $([r]-1)^2 < x^2 = r([r]-1) < ([r]+1)([r]-1) < [r]^2$ であるから $[x] = [r] - 1$ であり，$x^2 = r([r]-1) = r[x]$ が成立する．

以上より，条件をみたす正の実数 x は 2 個または 3 個である．

【2】　P が条件をみたすとする．明らかに P は定数ではない．多項式 P が条件をみたすことと $-P$ が条件をみたすことは同値であることに注意すると，求める P の最高次の係数は正であるとしてよい．よってこのとき，ある正の整数 M が存在して $x \geqq M$ なる任意の x について $P(x) > 0$ となる．

補題　任意の正の整数 n について，整数 $P(1), P(2), \cdots, P(n)$ を n で割った余りはすべて異なる．

証明　背理法で示す．$1 \leqq y < z \leqq n$ なる整数 y, z であって，$0 \leqq r \leqq n-1$ なる整数 r が存在して，$P(y) \equiv P(z) \equiv r \pmod{n}$ となるとする．任意の整数 a, b について $P(an+b) \equiv P(b) \pmod{n}$ であるから，任意の整数 a について $P(an+y) \equiv P(an+z) \equiv r \pmod{n}$ である．A を $An \geqq M$ をみたすような正の整数とし，k を $k > 2A + 2021$ をみたすような正の整数とする．$2(k-A)$ 個の整数 $P(An+y), P(An+z), P((A+1)n+y), P((A+1)n+z), \cdots, P((k-1)n+y), P((k-1)n+z)$ はどれも kn で割ったとき

$$r, n+r, 2n+r, \cdots, (k-1)n+r$$

の k 種類の余りしかとらない．したがって，これらのうちの異なる 2 数であって kn で割った余りが等しいようなものが $2(k-A)-k=k-2A$ 組以上存在する．$k-2A>2021$ であり，かつこれらの $2(k-A)$ 個の整数は正であるから，$a<b\leqq kn$ なる正の整数の組 (a,b) であって $|P(b)|-|P(a)|$ が kn で割りきれるようなものが 2021 個以上存在する．よって $P_{kn}>2021$ となり矛盾である．

次に，P が 1 次であることを示す．背理法で示す．$\deg P\geqq 2$ であるとする．このとき，正の整数 k であって $P(k)-P(1)\geqq k$ であるようなものがとれる．したがって整数 $P(1),P(2),\cdots,P(P(k)-P(1))$ のうち，$P(k)$ と $P(1)$ は $P(k)-P(1)$ で割った余りが等しいから，$n=P(k)-P(1)$ とおくと補題に矛盾する．以上より，P は 1 次である．

c を正の整数，d を整数として $P(x)=cx+d$ とおく．$c\geqq 2$ のとき，$P(1)$ と $P(2)$ は c で割った余りが等しいので補題に矛盾する．よって $c=1$ である．

もし $d\leqq -2023$ ならば，$a<b$ かつ $P(a)=P(b)$ をみたす組 (a,b) が少なくとも 2022 個以上 $((a,b)=(1,-2d-1),(2,-2d-2),\cdots,(-d-1,-d+1)$ など) 存在する．よって $d\geqq -2022$ である．

最後に，任意の $d\geqq -2022$ について $P(x)=x+d$ が条件をみたすことを示す．正の整数 n を固定する．$a<b\leqq n$ ならば $||P(b)|-|P(a)||<n$ であることに注意すると，$|P(b)|-|P(a)|$ が n で割りきれるのは $|P(a)|=|P(b)|$ のときだけである．$d\geqq -2022$ のとき，このような (a,b) は確かに 2021 組以下である．

したがって，答は次のどちらかである．

- d を -2022 以上の整数として $P(x)=x+d$,

- d を 2022 以下の整数として $P(x)=-x+d$.

【3】　N を三角形 BCE の角 E 内の傍心とする．BL は $\angle$ABC の二等分線なので，$\angle$CBL $=\dfrac{\angle\text{ABC}}{2}$ である．M は弧 BC の中点であるから，$\angle$MBC $=\dfrac{1}{2}(\angle\text{MBC}+\angle\text{MCB})$ となる．ここで，

$$\angle\mathrm{MBL} = \angle\mathrm{MBC} + \angle\mathrm{CBL} = \frac{1}{2}(\angle\mathrm{MBC} + \angle\mathrm{MCB} + \angle\mathrm{ABC})$$

$$= \frac{1}{2}(\angle\mathrm{MBA} + \angle\mathrm{MCB}) = 90^\circ - \frac{\angle\mathrm{BCE}}{2} = \angle\mathrm{BCN}.$$

三角形 BCL と，直線 BM, CM が再び交わる交点をそれぞれ X, Y とする．$\angle\mathrm{MBC} = \angle\mathrm{MCB}$ であるから，BC // XY である．このとき，BN // XL かつ CN // YL であることを示せば十分である．なぜならば，これらが成立するとき，三角形 BCN と三角形 XYL は相似となるため，M は B を X に，C を Y に，N を L を写す相似拡大の中心であり，N が LM 上にあることがわかるからである．

対称性から，CN // YL を示せばよい．これは $\angle\mathrm{BCN} = \angle\mathrm{XYL}$ と同値であり，$\angle\mathrm{BCN} = \angle\mathrm{MBL} = \angle\mathrm{XBL} = \angle\mathrm{XYL}$ なので題意は示された．

【4】　以下，チーズを置くマスを**チーズマス**，置かないマスを**空マス**と呼ぶことにする．

(a) 888 個のチーズマスからなる良い置き方が存在するとして矛盾を導く．各空マスに対して，ネズミはそのマスを高々 1 回しか横に通らない．実際，もし 2 回同じ空マスを横切っているとしてあるチーズマスまたは盤面の端を 2 回通っていることになる．同様に各空マスに対して，ネズミはそのマスを高々 1 回しか縦に通らない．

ネズミが 1 秒に 1 マス進むとして，動き出して k 秒後に盤面から落ちたとする．ここで数列 $a_0, \cdots, a_{k-1}$ を

$$a_i = \begin{cases} 0 & (\text{ネズミが } i \text{ 秒後に空マスにいるとき}), \\ 1 & (\text{ネズミが } i \text{ 秒後にチーズマスにいるとき}) \end{cases}$$

により定める．仮定からこの数列に 1 は 888 個現れるが，4 回連続で現れないので 0 は少なくとも $\frac{888}{3} - 1 = 295$ 個現れる．しかし上で述べたことから数列に 0 は高々 $(32^2 - 888) \cdot 2 = 272$ 個しか現れず矛盾する．888 個のチーズマスからなる良い置き方は存在しない．

(b) 正の整数 i に対して $2^i \times 2^i$ のマス目 L_i と X_i であって次をみたすものを

帰納的に構成する.

- L_i において左下のマスから出発する上を向いたネズミが問題の動きをすることを考えたとき,どのチーズの塊もちょうど 1 回ずつ齧った上で左下のマスから左向きに盤面から落ちる.

- X_i において左下のマスから出発する上を向いたネズミと右上のマスから出発する下を向いたネズミの両方が問題の動きをすることを考えたとき,どのチーズの塊も 2 匹あわせてちょうど 1 回ずつ齧った上で,1 匹目は右上のマスから右向きに,2 匹目は左下のマスから左向きに盤面から落ちる.

まず □ を空マス,■ をチーズマスとして,L_1 を $\begin{smallmatrix} \blacksquare & \blacksquare \\ \square & \blacksquare \end{smallmatrix}$ と並べたものとして定め,X_1 を $\begin{smallmatrix} \blacksquare & \square \\ \square & \blacksquare \end{smallmatrix}$ と並べたものとして定める.これは条件をみたす.正の整数 i に対して L_{i+1} と X_{i+1} を構成する.まず L_i' と L_i'' を,L_i をそれぞれ時計回りと反時計回りに 90 度回転したものとして定める.そして L_{i+1} を $\begin{smallmatrix} L_i'' & L_i \\ X_i & L_i' \end{smallmatrix}$ と並べたもの,X_{i+1} を $\begin{smallmatrix} L_i'' & X_i \\ X_i & L_i' \end{smallmatrix}$ と並べたものとして定める.すると L_i と X_i が条件をみたすときに L_{i+1} と X_{i+1} は条件をみたす.ここでチーズマスの数は L_1 は 3 個,X_1 は 2 個,L_2 は 11 個,X_2 は 10 個,L_3 は 43 個,X_3 は 42 個,L_4 は 171 個,X_4 は 170 個,L_5 は 683 個と計算できる.よって L_5 が条件をみたす良い置き方となる.

【5】 $a = 0, b = f(0)$ とすることで,ある整数 x が存在して $f(0)(f(0)+1) = x^2$ となるとわかる.$(2f(0)+1-2x)(2f(0)+1+2x) = 1$ より $f(0)$ は 0 または -1 である.

まず $f(0) = -1$ と仮定する.$b = f(a)$ とすることで,ある整数 y が存在して $f(a)f(2a) = y^2 + 1$ となるとわかる.y^2 を 4 で割った余りは 0 か 1 なので,$y^2 + 1$ は 4 で割りきれない.よって $f(a)$ は 4 の倍数ではない.また,$f(a)$ が奇

素数 p で割りきれるとき，$y^2 \equiv -1 \pmod{p}$ となる．よって $y^{p-1} \equiv (-1)^{\frac{p-1}{2}}$ $\pmod{p}$ だが，フェルマーの小定理より $y^{p-1} \equiv 1 \pmod{p}$ となるので p は 4 で割って 1 余る．ここで $a = 0, b = 3$ とすると，$f(-4) - 3$ が平方数であるとわかる．よって整数 z を用いて $f(-4) = z^2 + 3$ と表せる．$f(-4)$ は 4 で割りきれないので，$f(-4)$ は 4 で割って 3 余る．これは $f(-4)$ が 4 で割って 3 余る素因数をもたないことに矛盾する．よって $f(0) = 0$ である．

　$a = 0, b = -n$ とすることで，任意の整数 n について $f(n)$ は平方数であるとわかる．S を $f(n) = 0$ をみたすすべての整数 n の集合とする．S が上に有界かどうかで場合分けする．

(1) S が上に有界でないとき．

　　任意の整数 n について，$k > f(n)$ をみたす S の要素 k がとれる．$a = n$，$b = f(n) - k$ とすることで $f(k) + (f(n) - k)f(2n) = (f(n) - k)f(2n)$ が平方数であるとわかる．$f(2n)$ は平方数なので，$f(n) - k < 0$ であることから $f(2n) = 0$ が成り立つ．よって $2n$ は S の要素である．

(2) S が上に有界であるとき．

　　T を $f(n) = n^2$ をみたすすべての整数 n の集合とする，十分大きい素数 p について，$p + 1 \notin S$ が成り立つ．$n = \dfrac{p+1}{2}$ とおいて $a = n, b = f(n) - 2n$ とすると，$f(2n)(f(n) - 2n + 1)$ は平方数であるとわかる．$f(2n)$ は平方数であり，$2n \notin S$ なので，$f(n) - 2n + 1 = f(n) - p$ は平方数である．また $f(n)$ も平方数なので，0 以上の整数 k, m を用いて $f(n) = k^2$, $f(n) - p = m^2$ とおくと，$(k+m)(k-m) = k^2 - m^2 = p$ となる．よって $k + m = p, k - m = 1$ より $k = \dfrac{p+1}{2} = n$ となるため，$f(n) = n^2$ が従う．よって $n \in T$ であるため，T は上に有界でない．ここで任意の T の要素 k と任意の整数 n について，$a = n, b = f(n) - k$ とすることで $k^2 + (f(n) - k)f(2n)$ が平方数であるとわかる．よって $(2k - f(2n))^2 - (f(2n)^2 - 4f(n)f(2n))$ も平方数となるが，k が十分大きいとき，$|f(2n)^2 - 4f(n)f(2n)| + 1 < |2k - f(2n)|$ である．よって $f(2n)^2 = 4f(n)f(2n)$ なので $f(2n)$ は 0 ま

たは $4f(n)$ である. n を固定すると, $2k \notin S$ をみたす十分大きい T の要素 k がとれ, $f(k) = k^2$, $f(2k) = 4f(k) = 4k^2$ が成り立つ. $a = k$, $b = f(k) - n$ とすると $f(n) + (k^2 - n)4k^2 = (2k^2 - n)^2 + (f(n) - n^2)$ は平方数であるとわかる. k が十分大きいとき, $|2k^2 - n| > |f(n) - n^2|$ であるので $f(n) = n^2$ となる.

以上より $f(n)$ は次のどちらかのようになる.

- $f(n) = \begin{cases} 0 & (n \text{ が偶数のとき}), \\ (\text{任意の平方数}) & (n \text{ が奇数のとき}), \end{cases}$

- $f(n) = n^2$.

逆にこれらは条件をみたすので, これらが解である.

第4部

ヨーロッパ女子数学オリンピック

4.1 第10回 ヨーロッパ女子数学オリンピック 日本代表一次選抜試験 (2021)

● 2020 年 11 月 22 日 [試験時間 4 時間, 4 問]

1. AB = AC なる鋭角二等辺三角形 ABC がある. 三角形 ABC の外接円 を ω とし, B から辺 AC, C から辺 AB におろした垂線の足をそれぞれ D, E とする. また, ω の B, C における接線をそれぞれ ℓ, m とする. この とき, ℓ, m および直線 DE によって囲まれる三角形の外接円上に A が存 在することを示せ. ただし, XY で線分 XY の長さを表すものとする.

2. 整数の組 (x, y, z) であって

$$x^3 + 2y^3 + 4z^3 - 6xyz = 0$$

となるものをすべて求めよ.

3. 正の整数からなる数列 $a_1, a_2, \cdots$ であって, 任意の正の整数 m, n に対 して

$$\left[\frac{a_m}{a_n}\right] = \left[\frac{m}{n}\right]$$

となるものをすべて求めよ. ただし, 実数 r に対して r を超えない最大 の整数を $[r]$ で表す.

4. 図のような 5×7 のマス目の各マスに 1 以上 9 以下の整数を 1 つずつ 書き込む. 頂点を共有するどの 2 マスについても異なる数を書き込むよ うにするとき, 書き込まれた 35 個の数の和としてありうる最大の値を求

めよ.

解答

【1】　直線 DE の ℓ, m との交点をそれぞれ P, Q とし，ℓ と m の交点を R とする．4 点 A, P, Q, R が同一円周上にあることを示せばよい．三角形 ABC は二等辺三角形であるから，D と E は A から辺 BC におろした垂線について対称である．したがって BC // ED が成り立ち，$\angle PDA = \angle EDA = \angle BCA$ がいえる．さらに接弦定理より $\angle BCA = \angle PBA$ であり，$\angle PDA = \angle PBA$ とわかる．よって円周角の定理の逆より 4 点 P, B, D, A は同一円周上にあり，$\angle APR = \angle APB = 180° - \angle ADB = 90°$ が成り立つ．同様に $\angle AQR = 90°$ なので $\angle APR + \angle AQR = 180°$ となり，4 点 A, P, Q, R が同一円周上にあることが示された．

【2】　整数の組 (x, y, z) が与式をみたすとき $x^3 = -2y^3 - 4z^3 + 6xyz$ は 2 の倍数なので，x は偶数である．このとき $2y^3 = -x^3 - 4z^3 + 6xyz$ は 4 の倍数なので，y も偶数である．さらにこのとき $4z^3 = -x^3 - 2y^3 + 6xyz$ は 8 の倍数なので，z も偶数である．ここで，

$$\left(\frac{x}{2}\right)^3 + 2\left(\frac{y}{2}\right)^3 + 4\left(\frac{z}{2}\right)^3 - 6 \cdot \frac{x}{2} \cdot \frac{y}{2} \cdot \frac{z}{2} = \frac{1}{8}(x^3 + 2y^3 + 4z^3 - 6xyz) = 0$$

となるから，$\left(\dfrac{x}{2}, \dfrac{y}{2}, \dfrac{z}{2}\right)$ も与式をみたす整数の組である．

　与式をみたす整数の組 (x, y, z) は $(0, 0, 0)$ のみであることを示す．与式をみたす整数の組 (x, y, z) であって x, y, z のいずれかは 0 でないものが存在すると仮定する．そのうち $|x| + |y| + |z|$ が最小のものをとる．このとき先の議論から $\left(\dfrac{x}{2}, \dfrac{y}{2}, \dfrac{z}{2}\right)$ も与式をみたす整数の組である．しかし $\dfrac{x}{2}, \dfrac{y}{2}, \dfrac{z}{2}$ のいずれかは 0 でなく，$\left|\dfrac{x}{2}\right| + \left|\dfrac{y}{2}\right| + \left|\dfrac{z}{2}\right| < |x| + |y| + |z|$ となるから，これは $|x| + |y| + |z|$ の最小性に矛盾する．したがって，与式をみたす整数の組 (x, y, z) であって x, y, z

のいずれかは 0 でないものは存在しない.

$(x, y, z) = (0, 0, 0)$ は与式をみたすから，答は $(x, y, z) = (0, 0, 0)$ である.

【3】　$a_1 = c$ とする. n を正の整数とすると，$\left[\dfrac{a_n}{a_1}\right] = \left[\dfrac{n}{1}\right] = n$ より $nc \leqq$
$a_n \leqq (n+1)c - 1$ となる. また，$\left[\dfrac{a_{nc}}{a_n}\right] = \left[\dfrac{nc}{n}\right] = c$ より $ca_n \leqq a_{nc}$ となる.
したがって，

$$nc \leqq a_n \leqq \frac{a_{nc}}{c} \leqq \frac{(nc+1)c - 1}{c} < nc + 1$$

である. a_n は整数なので $a_n = nc$ となり，逆にこのとき条件をみたす. よって答は正の整数 c を用いて $a_n = nc$ となる数列 $a_1, a_2, \cdots$ である.

【4】　まず，図のような書き込み方は条件をみたす.

9	8	9	8	9	8	9
7	6	7	6	7	6	7
9	8	9	8	9	8	9
7	6	7	6	7	6	7
9	8	9	8	9	8	9

このとき総和は 272 である.

次に，書き込み方にかかわらず総和が 272 以下であることを示す. 図のようにマス目を 12 個の部分に分割する.

このとき，同じ数を書き込むマスは頂点を共有しないことから，1 つの部分に同じ数が複数書き込まれることはない. よって 1 つの部分に書き込む数の総和は，その部分が 4 個のマスからなるときは $6 + 7 + 8 + 9 = 30$ 以下，3 個のマスからなるときは $7 + 8 + 9 = 24$ 以下，2 個のマスからなるときは $8 + 9 = 17$

以下，1 個のマスからなるときは 9 以下である．よってマス目全体に書かれている数の総和は

$$30 \cdot 6 + 24 \cdot 2 + 17 \cdot 1 + 9 \cdot 3 = 272$$

以下となる．

　　以上より，答は 272 である．

4.2 第10回 ヨーロッパ女子数学オリンピック (2021)

●第 1 日目: 4 月 11 日 [試験時間 4 時間 30 分]

1. 2021 は**素晴らしい数**である．正の整数 m に対して集合 $\{m, 2m+1, 3m\}$ のある要素が素晴らしいならばそのすべての要素も素晴らしい．このとき 2021^{2021} は素晴らしいか．

2. 関数 $f : \mathbb{Q} \to \mathbb{Q}$ であって

$$f(xf(x) + y) = f(y) + x^2$$

が任意の有理数 x, y に対して成立するものをすべて求めよ．

ただし $\mathbb{Q}$ で有理数全体の集合を表す．

3. 角 A が鈍角であるような三角形 ABC がある．B, C を通る ABC の垂線と，A の外角の二等分線の交点をそれぞれ E, F とおく．点 M, N をそれぞれ線分 EC, FB 上にあり，$\angle EMA = \angle BCA$，$\angle ANF = \angle ABC$ をみたすような点とする．このとき 4 点 E, F, N, M が同一円周上にあることを示せ．

●第 2 日目: 4 月 12 日 [試験時間 4 時間 30 分]

4. 三角形 ABC の内心を I とし，D を辺 BC 上の点とする．D を通り BI に垂直な直線と CI の交点を E とし，D を通り CI に垂直な直線と BI の交点を F とする．直線 EF について A と対称な点は直線 BC 上にあることを示せ．

5.　　平面上に点 O がある．P を平面上の 2021 個の点からなる集合であって，以下をみたすものとする．

(i) P に含まれるどの 3 点も同一直線上にない．

(ii) P に含まれるどの 2 点も O を通る直線上にない．

P に含まれる点を頂点とする三角形が **太っている** とは，O がその三角形の内部 (周上を含まない) にあることをいう．太っている三角形の個数としてありうる最大の値を求めよ．

6.　　非負整数 a であって，等式

$$\left\lfloor \frac{m}{1} \right\rfloor + \left\lfloor \frac{m}{2} \right\rfloor + \left\lfloor \frac{m}{3} \right\rfloor + \cdots + \left\lfloor \frac{m}{m} \right\rfloor = n^2 + a$$

をみたすような正の整数の組 (m, n) が 1000000 個より多く存在するようなものはあるか．

ただし，実数 x に対して x を超えない最大の整数を $\lfloor x \rfloor$ で表す．たとえば $\lfloor \sqrt{2} \rfloor = 1$, $\lfloor \pi \rfloor = \lfloor 22/7 \rfloor = 3$, $\lfloor 42 \rfloor = 42$, $\lfloor 0 \rfloor = 0$ である．

解答

【1】　m を任意の正の整数とする.

- 集合 $\{m, 2m+1, 3m\}$ を考えると, m が素晴らしいことと $3m$ が素晴らしいことは同値であるとわかる.

- 集合 $\{3m, 2\cdot 3m+1, 3\cdot 3m\}$ を考えると, $3m$ が素晴らしいことと $2\cdot 3m+1 = 6m+1$ が素晴らしいことは同値であるとわかる.

- 集合 $\{6m+1, 2(6m+1)+1, 3(6m+1)\}$ を考えて, $6m+1$ が素晴らしいことと $2(6m+1)+1 = 12m+3$ が素晴らしいことは同値であるとわかる.

- 集合 $\{4m+1, 2(4m+1)+1, 3(4m+1)\}$ を考えて, $3(4m+1) = 12m+3$ が素晴らしいことと $4m+1$ が素晴らしいことは同値であるとわかる.

- 集合 $\{2m, 2\cdot 2m+1, 3\cdot 2m\}$ を考えて, $2\cdot 2m+1 = 4m+1$ が素晴らしいことと $2m$ が素晴らしいことは同値であるとわかる.

以上より, m が素晴らしいことと $2m$ が素晴らしいことは同値である.

$m > 1$ を正の整数として, m が奇数のとき集合 $\left\{\dfrac{m-1}{2}, m, \dfrac{3(m-1)}{2}\right\}$ を考えて, m が偶数のとき上の議論から, m が素晴らしいことと $\left\lfloor \dfrac{m}{2} \right\rfloor$ が素晴らしいことは同値である. これを繰り返し適用することで, 任意の正の整数 m に対して m が素晴らしいことと 1 が素晴らしいことが同値であることがわかる.

2021 が素晴らしいので 1 は素晴らしい. よって 2021^{2021} は素晴らしい.

【2】　与式の (x, y) に (a, b) を代入した式を $P(a, b)$ で表すことにする. f が全射であることを示す. $f(x)$ の値としてありうる数すべてのなす集合を A とする. $a \in A$ のとき, $f(b) = a$ なる b をとって $P(x, b)$ を考えることで $a + x^2 \in A$

がわかる．また $P(x, b - xf(x))$ を考えることで $a - x^2 \in A$ もわかる．k を任意の有理数とする．$f(0) \in A$ より $f(0) + \left(\dfrac{k+1}{2}\right)^2 \in A$ であり，ゆえに $f(0) +$

$\left(\dfrac{k+1}{2}\right)^2 - \left(\dfrac{k-1}{2}\right)^2 = f(0) + k \in A$ である．k は任意なので $A = \mathbb{Q}$ であり，f が全射であることが示された．

　$f(c) = 0$ なる c をとると，$P(c, y)$ から $c = 0$ となる．y に $xf(x) + y$ を繰り返し代入することで非負整数 m に対して $f(mxf(x) + y) = f(y) + mx^2$ がわかる．ゆえに整数 n について $f(n^2 xf(x) + y) = f(y) + n^2 x^2$ となる．$f(a) = -n^2 x^2$ なる a を y に代入すると，$f(c) = 0$ ならば $c = 0$ となることから，$n^2 xf(x) + a = 0$ である．これと $P(nx, a)$ を比較することで，$f(nx) = nf(x)$ を得る．ゆえに $f(n) = f(1)n$ であり，正の整数 m について $f\left(\dfrac{n}{m}\right) = f(1)\dfrac{n}{m}$ がわかる．ゆえに任意の有理数 x に対し $f(x) = f(1)x$ となる．与式に代入すると $f(1) = 1$ と $f(1) = -1$ のときに条件をみたし，このとき解はそれぞれ $f(x) = x$ と $f(x) = -x$ である．

【3】　B の直線 AC への射影を X とし，C の直線 AB への射影を Y とする．ω を BC を直径とする円とする．$\angle BXC = \angle BYC$ なので X と Y は ω 上にある．EC と ω の C でない交点を Z とし，E の直線 AB への射影を D とする．このとき AE は ABC の A における外角二等分線だったので D は AE に関して X と対称な点であり，$\angle BXD = \angle EXD = \angle XAE = \angle CAF$ が成立する．また，条件 $\angle EMA = \angle BCA$ から

$$\angle MAC = \angle AME - \angle MCA = \angle XCB - \angle XCE = \angle ZCB = \angle ZXB$$

である．さらに，ω での円周角の定理から $\angle ZBD = \angle ZBY = \angle ZCY = \angle MCF$，$\angle XBD = \angle XBY = \angle XCY = \angle MCF$ である．以上より四角形 BZXD と CMAF は相似である．よって $\angle FMC = \angle DZB$ であり，円周角の定理から $\angle DZB = \angle DEB = \angle XAB$ なので $\angle FMC = \angle XAB$ である．同様にして $\angle ENB = \angle YAC$ であり，あわせて

$$\angle ENF = 180^\circ - \angle ENB = 180^\circ - \angle YAC = 180^\circ - \angle XAB = 180^\circ - \angle FMC$$

$$= \angle FME$$

となり，円周角の定理から E, F, N, M が同一円周上にあることが示された.

【4】 角度は符号付きで 180° を法として考える. $\angle BFD = \angle CDF - \angle CBI = 90° - \angle ICD - \angle CBI = \angle BAI$ と $\angle FBD = \angle ABI$ から，三角形 ABI と FBD は相似である. ゆえに AB : BI = FB : BD であり，$\angle IBD = \angle ABF$ と合わせて三角形 ABF と IBD の相似がわかる. ゆえに $\angle AFB = \angle IDB$ となり，同様に $\angle AEC = \angle IDC$ となる. 三角形 AEC と AFB の外接円の交点を T とする. $\angle ATB = \angle AFB = \angle IDB = \angle IDC = \angle AEC = \angle ATC$ なので T は直線 BC 上にある. $\angle ACE = \angle ECT$ より AE = TE であり，同様に AF = TF なので，T は EF について A と対称な点である. 以上より主張が示された.

【5】 以下，有限集合 X に対してその要素の数を $|X|$ で表す.

太っていない三角形の集合を S とし，その $|T|$ の最小を求めることを考える. T の要素である三角形を考える. このときただ 1 つの頂点 X であって，残りの頂点を Y と Z とすると線分 OX は線分 YZ と交わるようなものが存在する. このときの Y と Z をその三角形の**良い頂点**と呼ぶ. また，$A \in P$ に対して T_A で T の要素であって A を良い頂点として含むもの全体のなす集合を表す. このとき 1 つの T の要素にちょうど 2 つの良い頂点があることから $2|T| = \sum_{A \in P} |T_A|$ が成立する.

任意の $A \in P$ に対して直線 OA で平面を分割し，P の要素のうち A でないものを Q_A と R_A の 2 つの集合に分割する. X と Y を A でない相異なる P の元として三角形 AXY が T_A の元であることは X と Y がともに Q_A に属するか X と Y がともに R_A に属することと同値である. つまり $|T_A| = {}_{|Q_A|}C_2 + {}_{|R_A|}C_2$ が成立する. ここで実数 q, r に対して

$$\frac{q(q-1)}{2} + \frac{r(r-1)}{2} - \frac{q+r}{2}\left(\frac{q+r}{2} - 1\right) = \frac{(q-r)^2}{4} \geqq 0$$

であることと $|Q_A| + |R_A| = |P| - 1 = 2020$ から

$$|T_A| = {}_{|Q_A|}C_2 + {}_{|R_A|}C_2 \geqq \frac{|Q_A| + |R_A|}{2}\left(\frac{|Q_A| + |R_A|}{2} - 1\right) = 1010 \cdot 1009$$

であり，またこの式において等号が $|Q_A| = |R_A| = 1010$ のときに成立する．

よって

$$|T| = \frac{1}{2}\Big(\sum_{A \in P} |T_A|\Big) \geqq \frac{1}{2} \cdot (2021 \cdot (1010 \cdot 1009)) = 2021 \cdot 1009 \cdot 505$$

であり，また P が O を中心とする正 2021 角形の頂点であるとき任意の $A \in P$ に対して $|Q_A| = |R_A| = 1010$ であるから等号が成立する．

以上より求める値は

$$_{2021}\mathrm{C}_3 - 2021 \cdot 1009 \cdot 505 = 2021 \cdot 505 \cdot 337$$

である．

【6】　条件をみたす a が存在することを示す．

与式の左辺を $f(m)$ とおく．1 以上の整数 M に対して，与式をみたす正の整数 (m, n) と非負整数 a の組であって，$m \leqq M$ となるものの個数を $S(M)$ と表す．各 m について与式をみたす組 (n, a) は $\lfloor \sqrt{f(m)} \rfloor$ 個なので，$S(M) = \lfloor \sqrt{f(1)} \rfloor + \cdots + \lfloor \sqrt{f(M)} \rfloor$ である．また $m \leqq M$ のとき，与式をみたす a について $a < f(M)$ が成立する．ゆえに鳩ノ巣原理から，与式をみたす a が存在するような正の整数 (m, n) の組の個数は

$$\frac{\lfloor \sqrt{f(1)} \rfloor + \cdots + \lfloor \sqrt{f(M)} \rfloor}{f(M)}$$

以上となる．$M = 2^r$ とする．$m \leqq f(m)$ なので

$$\lfloor \sqrt{f(2^{r-1}+1)} \rfloor + \cdots + \lfloor \sqrt{f(M)} \rfloor \geqq \underbrace{\sqrt{2^{r-1}+1} + \cdots + \sqrt{2^r}}_{2^{r-1}} - 2^{r-1}$$

$$\geqq 2^{r-1}\sqrt{2^{r-1}} - 2^{r-1}$$

であり

$$f(M) \leqq 2^r\Big(\frac{1}{1} + \frac{1}{2} + \frac{1}{2} + \frac{1}{4} + \frac{1}{4} + \frac{1}{4} + \frac{1}{4} + \cdots + \underbrace{\frac{1}{2^i} + \cdots + \frac{1}{2^i}}_{2^i} + \cdots + \frac{1}{2^r}\Big)$$

$$\leqq 2^r(r+1)$$

なので

$$\frac{\lfloor \sqrt{f(1)} \rfloor + \cdots + \lfloor \sqrt{f(M)} \rfloor}{f(M)} \geqq \frac{2^{r-1}\sqrt{2^{r-1}} - 2^{r-1}}{2^r(r+1)} = \frac{\sqrt{2^{r-1}} - 1}{2r+2}$$

となり，これは r を大きくすることで 1000000 より大きくすることができる．

第5部

国際数学オリンピック

5.1 IMO 第58回 ブラジル大会 (2017)

●第1日目：7月18日 [試験時間 4時間 30分]

1. $a_0 > 1$ をみたすような各整数 a_0 に対して，数列 $a_0, a_1, a_2, \cdots$ を以下のように定める：

$$a_{n+1} = \begin{cases} \sqrt{a_n} & \sqrt{a_n} \text{ が整数のとき}, \\ a_n + 3 & \text{そうでないとき}, \end{cases} \qquad n = 0, 1, 2, \cdots.$$

このとき，ある A が存在して $a_n = A$ をみたす n が無数にあるような a_0 をすべて求めよ.

2. $\mathbb{R}$ を実数全体からなる集合とする．関数 $f\colon \mathbb{R} \to \mathbb{R}$ であって，任意の実数 x, y に対して

$$f(f(x)f(y)) + f(x + y) = f(xy) \qquad \cdots (\sharp)$$

が成り立つものをすべて求めよ.

3. ハンターと見えないうさぎが平面上でゲームを行う．うさぎが最初にいる点 A_0 とハンターが最初にいる点 B_0 は一致している．$n - 1$ 回のラウンドが終わった後，うさぎは点 A_{n-1} におり，ハンターは B_{n-1} にいる．n 回目のラウンドにおいて，次の 3 つが順に行われる：

(i) うさぎは A_{n-1} からの距離がちょうど 1 であるような点 A_n に見えないまま移動する.

(ii) 追跡装置がある点 P_n をハンターに知らせる．ただし，P_n と A_n の距離が 1 以下であるということだけが保証されている.

(iii) ハンターは B_{n-1} からの距離がちょうど 1 であるような点 B_n に周りから見えるように移動する.

うさぎがどのように移動するかにかかわらず,またどの点が追跡装置によって知らされるかにかかわらず,ハンターが 10^9 回のラウンドが終わった後にうさぎとの距離を必ず 100 以下にすることはできるか.

● 第 2 日目 : 7 月 19 日 [試験時間 4 時間 30 分]

4. 円 Ω 上に RS が直径でないような異なる 2 点 R, S がある. Ω の R における接線を ℓ とする. 点 T は線分 RT の中点が S となるような点とする. Ω の劣弧 RS 上に点 J があり,三角形 JST の外接円 Γ は ℓ と異なる 2 点で交わっている. A を Γ と ℓ の交点のうち R に近い方の点とする. 直線 AJ は K で Ω と再び交わっている. このとき,直線 KT は Γ に接することを示せ.

5. N を 2 以上の整数とする. 身長が相異なる $N(N+1)$ 人のサッカー選手が 1 列に並んでいる. 鈴木監督は $N(N-1)$ 人の選手を列から取り除き,残った $2N$ 人の選手からなる新たな列が次の N 個の条件をみたすようにしたい:

(1) 身長が最も高い 2 人の選手の間には誰もいない.

(2) 身長が 3 番目に高い選手と 4 番目に高い選手の間には誰もいない.

$\vdots$

(N) 身長が最も低い 2 人の選手の間には誰もいない.

このようなことが必ず可能であることを示せ.

6. 順序づけられた整数の組 (x, y) が **原始的** であるとは,x と y の最大公約数が 1 であることをいう. 原始的な組からなる有限集合 S が与えられたとき,正の整数 n と整数 $a_0, a_1, \cdots, a_n$ であって,S に含まれる任意の組 (x, y) に対して

$$a_0 x^n + a_1 x^{n-1} y + a_2 x^{n-2} y^2 + \cdots + a_{n-1} x y^{n-1} + a_n y^n = 1$$

をみたすようなものが存在することを示せ.

解答

【1】　a_0 が 3 の倍数であることが必要十分条件である.

証明　この問題は数値実験で答えを探すが, 証明は次のようにする.

$0^2 \equiv 0, (\pm 1)^2 \equiv 1 \,(\mathrm{mod}\,3)$ となるので, $a_m \equiv -1 \,(\mathrm{mod}\,3)$ なら a_m は平方数ではない. また $m < n$ かつ $a_m = a_n$ となるなら, a_m から a_n が無限に繰り返すので条件に適する. とくに $a_m = 3$ なら, $a_{m+1} = 6, a_{m+2} = 9, a_{m+3} = 3$ となり条件に適する. 以下, 4 段階に分けて証明を行う.

(1)　$a_m \equiv -1 \,(\mathrm{mod}\,3)$ となる m があれば, $a_n \,(n > m)$ も同じ性質を持ち, a_m 以降に平方数が出てこず, 単調増加するので条件に適さない.

(2)　もし, $a_m > 9$ かつ $a_m \not\equiv -1 \,(\mathrm{mod}\,3)$ なら, $\ell > m$ かつ $a_\ell < a_m$ となる ℓ が存在する.

なぜならば, t^2 を a_m より小さい最大の平方数とすると, $a_m > 9$ だから $t > 3$ である. ところが, a_m より大きな平方数として $(t+1)^2, (t+2)^2, (t+3)^2$ があるが, $a_m \not\equiv -1 \,(\mathrm{mod}\,3)$ はこれらのどれかと $\mathrm{mod}\,3$ で合同となり, a_m の後に $t+1, t+2, t+3 < t^2 < a_m$ のどれかが出てくるからである.

(3)　a_m が 3 で割り切れるなら, それ以降の数も 3 で割りきれ, (2) より 9 以下の 3 の倍数 3 または 6 が現れ, 3, 6, 9 が無限回現れ条件に適する.

(4)　$a_m \equiv 1 \,(\mathrm{mod}\,3)$ とすると, $\ell > m$ で $a_\ell \equiv -1 \,(\mathrm{mod}\,3)$ となる ℓ が現れ, 条件に適さない.

なぜなら, (4) の反例となる a_m があったとし, その中で最小の a_m を取る. $a_m = 1$ または $a_m = 4 = 2^2$ なら, その後 $a_\ell = 2 \equiv -1 \,(\mathrm{mod}\,3)$ となり, $a_m = 7$ なら a_n は $10, 13, 16, 4, 2 \equiv -1 \,(\mathrm{mod}\,3)$ となり, いずれも反例とはならない. そこで a_m が $a_m > 9$ かつ, すべての $a_\ell \,(\ell > m)$ は $a_\ell \equiv -1 \,(\mathrm{mod}\,3)$ をみたさないとする. このとき (2) で保証された $a_\ell < a_m$ は, 3 では割り切れないから $a_\ell \equiv 1 \,(\mathrm{mod}\,3)$ となり, a_m の最小性に矛盾する. ■

[注]　この問題では，$a_m + 3 \equiv a_m \pmod 3$ であり，とくに (i) a_m が 3 で割り切れれば，a_{m+1} も 3 で割り切れること，(ii) $a_m \equiv -1 \pmod 3$ なら a_m は平方数ではないことなどが本質的であり，これらを使った証明はいろいろあり，必ずしも (2) を使わなくても良い．なお，条件をみたすものの中で最小なものを取って矛盾を導き，条件をみたすものが存在しないことを示す (4) のような証明は，**無限降下法**と呼ばれ，整数問題でよく使われる．

【2】　$f(x) = 0$, $f(x) = x - 1$, $f(x) = 1 - x$ の 3 関数が解である．

　証明　$f(x) = 0$ は明らかに (♯) をみたす．また，$f(x) = x - 1$ なら，

$$((x-1)(y-1) - 1) + (x + y - 1) = (xy - 1)$$

となり (♯) をみたす．さらに，$f(x)$ が (♯) の解なら $-f(x)$ も (♯) の解となるから，$f(x) = -(x - 1) = 1 - x$ も (♯) の解となる．

　もし $f(0) = 0$ なら，(♯) において $y = 0$ とおくと，$f(0) + f(x) = f(0)$ となり，$f(x) = 0$ となる．よって，以下では $f(0) \neq 0$ であるとする．

　(♯) において $x = y = 0$ とおくと，

$$f\left(f(0)^2\right) = 0 \tag{1}$$

となるから，$f(a) = 0$ となる $a \in \mathbb{R}$ がある．

　$x \neq 1$ かつ $x + y = xy$ とすると $y = x/(x-1)$ となるから，(♯) に代入して

$$f\left(f(x)f\left(\frac{x}{x-1}\right)\right) = 0$$

が成り立つ．とくに $f(a) = 0$, $a \neq 1$ なら，$f(f(a)f(a/(a-1))) = f(0) = 0$ となり仮定 $f(0) \neq 0$ に矛盾する．(1) に注意して，以上の議論をまとめると，

$$f(1) = 0, \quad \text{かつ} \quad f(a) = 0 \quad \text{なら} \quad a = 1 \tag{2}$$

となる．したがって，(1) より $f(0)^2 = 1$ となり，$f(0) = \pm 1$ となる．よって

$$f(0) = -1 \tag{3}$$

であると仮定し，$f(x) = x - 1$ であることを示す．

　(♯) において $y = 1$ とおくと，$f(f(x)f(1)) + f(x + 1) = f(x)$ となる．ここで

$f(1) = 0, f(0) = -1$ だから，$-1 + f(x+1) = f(x)$ となり，任意の整数 n に対して

$$f(x+n) = f(x) + n \tag{4}$$

となる．したがって，$f(a) = f(b)\,(a \neq b)$ なら，任意の整数 N に対して，

$$f(a+N+1) = f(a)+N+1 = f(b)+N+1 = f(b+N)+1 \tag{5}$$

が成り立つ．そこで，$N < -b$ となる N をとると，$(a+N+1)^2 - 4(b+N) > 0$ となるから，$x_0 + y_0 = a+N+1, x_0 y_0 = b+N$ となる $x_0, y_0 \in \mathbb{R}$ が取れる．ここで $x_0 = 1$ なら $a+N = y_0 = b+N$ となり仮定 $a \neq b$ に矛盾する．よって $x_0 \neq 1, y_0 \neq 1$ であり，(2) より $f(x_0) \neq 0, f(y_0) \neq 0$ である．

(♯) において $x = x_0, y = y_0$ とすると，x_0, y_0 の取り方より

$$f(f(x_0)f(y_0)) + f(a+N+1) = f(b+N)$$

となり，(5) より $f(f(x_0)f(y_0))+1 = 0$ となる．よって (4) より $f(f(x_0)f(y_0)+1) = 0$ となり，(2) より $f(x_0)f(y_0) = 0$ となる．これは $f(x_0) \neq 0, f(y_0) \neq 0$ だから矛盾である．よって f は単射 ($a \neq b$ なら $f(a) \neq f(b)$) である．

t を任意の実数とし，(♯) において $(x,y) = (t,-t)$ とおくと，$f(f(t)f(-t)) + f(0) = f(-t^2)$ となり，$f(0) = -1$ と (4) より $f(f(t)f(-t)) = f(-t^2)+1 = f(-t^2+1)$ となる．よって f の単射性より，

$$f(t)f(-t) = -t^2 + 1$$

となる．同様に，$(x,y) = (t,1-t)$ とおくと，$f(f(t)f(1-t)) + f(1) = f(t(1-t))$ となり，$f(1) = 0$ だから，f の単射性より

$$f(t)f(1-t) = t(1-t)$$

となる．ところが，(4) より $f(1-t) = 1 + f(-t)$ だから，$f(t) + f(t)f(-t) = t(1-t)$ となり，$f(t) + (-t^2+1) = t(1-t)$ となるから，

$$f(t) = t - 1$$

となる．これで証明が完成した．

[注] 関数等式の証明では，単射性や全射性を示すのが常套手段であり，こ

の問題は単射性を使うが，その証明がかなり難しい．このような問題に慣れていない人には，解くのは難しかったと思われる．

【3】　ハンターはうさぎとの距離を 100 以下にすることはできない．

　証明　うさぎとハンターが m 回移動した後のうさぎとハンターの距離を d_m とする．$d_m > 100$ ならば，うさぎがハンターと反対方向に移動し続けると，ハンターが追いかけても距離は短くならず，ハンターはうさぎから 100 以内に近づけない．よって，$d_m \leqq 100$ とする．

　座標の原点を B_m にし，$B_m A_m$ を x 軸とする．したがって，うさぎは最初 $A_m(d_m, 0)$ にいるとして，距離が 200 離れた点 $(d_m + \sqrt{200^2 - 1}, \pm 1)$ のどちらかに向かって 200 回跳び，追跡装置はうさぎの座標を x 軸上に射影した点を示すとする．このときハンターは，うさぎが x 軸の上にいるか下にいるか分からないので，うさぎの x 座標が増えているという追跡装置の情報にしたがい，x 軸の正の方向に 200 回移動するしかない．

　このようにして，200 回移動した後のうさぎとハンターの距離 d_{m+200} は，$\varepsilon = 200 - \sqrt{200^2 - 1}$ とおくと，$d_{m+200} = \sqrt{(d_m - \varepsilon)^2 + 1}$ となる．ここで

$$\varepsilon = \frac{200^2 - (200^2 - 1)}{200 + \sqrt{200^2 - 1}} = \frac{1}{200 + \sqrt{200^2 - 1}} < \frac{1}{300}$$

である．よって

$$(d_{m+200})^2 = (d_m - \varepsilon)^2 + 1 > d_m^2 - 2 d_m \varepsilon + 1 > d_m^2 - \frac{200}{300} + 1 = d_m^2 + \frac{1}{3}$$

となり，ハンターとうさぎの距離が増える．そこでこのような 200 回跳びを 3×10^4 回（6×10^6 ラウンド）繰り返すと，うさぎとハンターの距離の 2 乗が $10^4 = (100)^2$ より大きくなり，ハンターはうさぎに追いつけなくなる．

【4】　**証明**　R, K, S, J は同一円周 Ω 上にあり，A, J, S, T は同一円周 Γ 上にあるから，円周角の定理により $\angle KRS = \angle KJS = \angle ATS = \angle ATR$ である．よって AT // RK である．

　S に関し A と対称な点を B とおく．このとき，S は線分 AB と線分 RT の中点となるから，ATBR は平行四辺形となり，K は直線 RB 上にある．

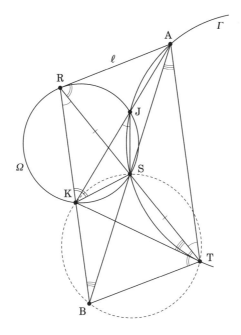

ところが，ℓ は R で円 Ω に接するから，$\angle RKS = \angle SRA = \angle TRA = \angle RTB$ であるから，S, T, B, K は同一円周上にある．よって $\angle STK = \angle SBK = \angle ABR = \angle BAT$ となる．よって直線 KT は Γ に接する．

[注]　この問題には，平行四辺形を使う代わりに，$\triangle ART$ と $\triangle SKR$ が相似となり，その相似比を使って $\triangle AST$ と $\triangle TKR$ が相似となることを示す解き方もある．

【5】　選手の列を S とおく．選手の身長は相異なるから，身長により選手を指定することができることに注意しておく．

選手の列 S を前から $N+1$ 人毎に N 個のグループに分け，第 $j\,(1 \leqq j \leqq N)$ 番目のグループの人の身長 $x_{i,j}\,(1 \leqq i \leqq N+1)$ を $(N+1) \times N$ 型の行列 A の j 列に書き込み，この行列を参考にしながら求める列を作る．

先ず，この行列の各列の成分を選手の身長の大きさ順に並べ替える．

次に，第 2 行で一番大きな身長が第 1 列に来るように A の列の置き換えを行

う．これで第 1 列では $x_{1,1} > x_{2,1}$ となり，さらに $x_{2,1} > x_{2,j}$ $(2 \leqq j \leqq N)$ と
なる．そこで $N(N+1)$ 人の選手が並んだ列 S から，$x_{1,1}$ と $x_{2,1}$ 以外の身長
$x_{i,1}$ $(i \neq 1,2)$ を持つ $N-1$ 人を除く．

　次に，第 3 行の 2 列目以降において $x_{3,2}$ が一番大きくなるように A の第 2
列から第 N 列の入れ替えを行う．これで，第 2 列では $x_{2,2} > x_{3,2}$ かつ $x_{3,2} >$
$x_{3,j}$ $(3 \leqq j \leqq N)$ となる．そこで，S において第 2 列に身長がある選手から $x_{2,2}$
と $x_{2,3}$ 以外の身長を持つ $N-1$ 人を除く．

　この手続きを繰り返し，最後に残った $2N$ 人の選手からなる列 F を考える．
このとき，$2N$ 人の列 F では身長 $x_{1,1}$ が最も大きく，その次には $x_{2,1}$ が大き
く，その次には $x_{2,2}$ が大きく，その次には $x_{3,2}$ が大きく，$\cdots$，最後に $x_{N,N}$ が
$x_{N+1,N}$ より大きくなる．

　最初に並んでいた $N(N+1)$ 人の列 S で，身長 $x_{1,1}$ と身長 $x_{2,1}$ を持つ人の
間に入っていた人は同じグループに属し，そのグループからは身長 $x_{1,1}$ と身長
$x_{2,1}$ を持つ人以外はすべて取り除かれたから，できあがった $2N$ 人の列 F で，
一番背の高い人と 2 番目に背が高い人の間には他の人が入らない．

　同様に，$2N$ 人の列 F で 3 番目に背の高い人と 4 番目に背の高い人は同じグ
ループに属し，そのグループからは 3 番目に背が高い人と 4 番目に背が高い人
以外はすべて取り除かれたから，できあがった $2N$ 人の列 F では，3 番目に背
の高い人と 4 番目に背の高い人の間には他の人は入らない．

　このような手続きを繰り返すことで，上記のようにして作った $2N$ 人の列 F
は求める性質を持つことが分かる．

$$
\begin{array}{ccccccc}
x_{1,1} & & x_{1,2} & & x_{1,3} & \cdots & x_{1,N-1} & & x_{1,N} \\
\vee & & \vee & & \vee & & \vee & & \vee \\
x_{2,1} & > & x_{2,2} & & x_{2,3} & \cdots & x_{2,N-1} & & x_{2,N} \\
\vee & & \vee & & \vee & & \vee & & \vee \\
x_{3,1} & & x_{3,2} & > & x_{3,3} & \cdots & x_{3,N-1} & & x_{3,N} \\
\vee & & \vee & & \vee & & \vee & & \vee \\
\vdots & & \vdots & & \vdots & \ddots & \vdots & & \vdots \\
\vee & & \vee & & \vee & & \vee & & \vee \\
x_{N,1} & & x_{N,2} & & x_{N,3} & \cdots & x_{N,N-1} & > & x_{N,N} \\
\vee & & \vee & & \vee & & \vee & & \vee \\
x_{N+1,1} & & x_{N+1,2} & & x_{N+1,3} & \cdots & x_{N+1,N-1} & & x_{N+1,N}
\end{array}
$$

[注]　この問題にはいろいろな解き方がある.

【6】　S の元の個数 m に関する数学的帰納法で証明する.

$m = 1$ で S が唯一つの元 (x, y) からなる場合には, x, y の最大公約数が 1 だから, 整数 c, d で $cx + dy = 1$ となるものが存在する.

そこで, S の元の個数が $m - 1$ 以下の場合には題意を満たすような多項式が存在すると仮定し, S の元の個数が m の場合に証明する.

$$S = \{(x_i, y_i) \mid 1 \leqq i \leqq m\}$$

を m 個の相異なる原始的な整数の組とし, $T = \{(x_i, y_i) \mid 1 \leqq i \leqq m - 1\}$ とおく. S の元 (x_n, y_n) は原始的だから, 整数の組 (c, d) で $cx_n + dy_n = 1$ となるものが存在する.

帰納法の仮定により,

$$g(x, y) = a_0 x^n + a_1 x^{n-1} y + a_2 x^{n-2} y^2 + \cdots + a_{n-1} x y^{n-1} + a_n y^n$$

(n は正整数, $a_0, a_1, \cdots, a_n$ は整数) で, 任意の T の元 $(x_i, y_i)\,(1 \leqq i \leqq m - 1)$ に対し $g(x_i, y_i) = 1$ となるものが存在する.

$$h(x, y) = \prod_{i=1}^{m-1} (y_i x - x_i y)$$

とおくと, $h(x_j, y_j) = \displaystyle\prod_{i=1}^{m-1} (y_i x_j - x_i y_j) = 0\,(1 \leqq j \leqq m - 1)$ となる.

$h(x_n, y_n) = 0$ ならば, ある i に対し $y_i x_n - x_i y_n = 0$ となるが, $(x_i, y_i), (x_n, y_n)$ は原始的だから, 素因数分解の一意性により $(x_n, y_n) = (-x_i, -y_i)$ となる. この場合には $g(x_n, y_n) = (-1)^n g(x_i, y_i) = \pm 1$ となり, $g(x, y)^2$ が題意をみたす. よって以下 $a = h(x_n, y_n) \neq 0$ であると仮定して証明する.

$$f(x, y) = g(x, y)^K - C \cdot h(x, y) \cdot (cx + dy)^L$$

(K は自然数, $L = nK - (m-1)$, C は整数) で, 題意をみたすものを探す.

$nK \geqq m - 1$ なら $f(x, y)$ は整数係数の nK 次の同次多項式で,

$$f(x_i, y_i) = g(x_i, y_i) = 1 \qquad (1 \leqq i \leqq m - 1)$$

となる. また, $g(x_n, y_n)$ は整数で,

$$f(x_n, y_n) = g(x_n, y_n)^K - C \cdot h(x_n, y_n) \cdot (cx_n + dy_n)^L = g(x_n, y_n)^K - C \cdot a$$

となる.

整数 $a = \prod_{i=1}^{m-1} (y_i x_n - x_i y_n)$ を割り切る素数 p を取る. このとき, p はある i に対し $y_i x_n - x_i y_n$ を割り切るから, $y_i x_n - x_i y_n \equiv 0 \,(\mathrm{mod}\, p)$ となる.

ここで $y_i x_n \equiv x_i y_n \equiv 0 \,(\mathrm{mod}\, p)$ なら, $(x_i, y_i), (x_n, y_n)$ は原始的だから,

(i) $p | y_i \Rightarrow p \nmid x_i \Rightarrow p | y_n \Rightarrow p \nmid x_n$, 　　　(ii) $p | x_n \Rightarrow p \nmid y_n \Rightarrow p | x_i \Rightarrow p \nmid y_i$

となる. ところが, $g(x_i, y_i) = a_0 x_i^n + a_1 x_i^{n-1} y_i + \cdots + a_{n-1} x_i y_i^{n-1} + a_n y_i^n = 1$ だから, 上の (i) または (ii) の場合には,

$$x_i^n g(x_n, y_n) = g(x_i x_n, x_i y_n) \equiv a_0 x_i^n x_n^n \equiv x_n^n \not\equiv 0 \,(\mathrm{mod}\, p) \ \cdots \ \text{(i) の場合},$$

$$y_i^n g(x_n, y_n) = g(y_i x_n, y_i y_n) \equiv a_n y_i^n y_n^n \equiv y_n^n \not\equiv 0 \,(\mathrm{mod}\, p) \ \cdots \ \text{(ii) の場合}$$

となり, いずれも $p \nmid g(x_n, y_n)$ となる.

また $y_i x_n \equiv x_i y_n \not\equiv 0 \,(\mathrm{mod}\, p)$ なら, $\zeta = x_n / x_i \equiv y_n / y_i \not\equiv 0 \,(\mathrm{mod}\, p)$ とおくと, $(x_n, y_n) \equiv (\zeta x_i, \zeta y_i) \,(\mathrm{mod}\, p)$ となるから, $g(x_n, y_n) \equiv g(\zeta x_i, \zeta y_i) \equiv \zeta^n g(x_i, y_i) = \zeta^n \not\equiv 0 \,(\mathrm{mod}\, p)$ となり, やはり $p \nmid g(x_n, y_n)$ となる.

以上で p は任意の a の素因数だから, a と $g(x_n, y_n)$ は互いに素となる.

そこで $a = p_1^{e(1)} \cdot p_2^{e(2)} \cdots p_t^{e(t)}$ を a の素因数分解とする. このとき K を $(p_1 - 1) p_1^{e(1)-1} \cdot (p_2 - 1) p_2^{e(2)-1} \cdot \cdots \cdot (p_t - 1) p_t^{e(t)-1}$ の倍数とすると, フェルマーの小定理により,

$$g(x_n, y_n)^K \equiv 1 \,(\mathrm{mod}\, a)$$

となる[1]. このとき, $g(x_n, y_n)^K - 1$ は a で割り切れるから, $f(x_n, y_n)^K - C \cdot a = 1$ となる整数 C が存在する. これで帰納法が完成し, 証明ができた.

[注]　上と同様にして, $(x_i, y_i) \neq (-x_j, -y_j) \,(i \neq j)$ となると仮定する.

---

[1] a を自然数とし, a と互いに素な整数の $\mathrm{mod}\, a$ の全体は, 乗法に関して有限個の元からなる群をなす. また, この群の元の個数を K とすると, 任意のこの群の元 $x \,(\mathrm{mod}\, a)$ は $x^K \equiv 1 \,(\mathrm{mod}\, a)$ をみたす.

$(x_i, y_i)\,(1 \leqq i \leqq m)$ は原始的だから，$c_i x_i + d_i y_i = 1$ となる整数 c_i, d_i がある．$l_j(x, y) = y_j x - x_j y\,(1 \leqq j \leqq m)$, $g_i(x, y) = \prod_{j \neq i} l_j(x, y)$ とおくと，$g_i(x_j, y_j) = 0\,(j \neq i)$ となる．仮定より，$a_i = g_i(x_i, y_i) \neq 0$ となり，a を $a_i\,(1 \leqq i \leqq m)$ の最小公倍数とする．

このとき，フェルマーの小定理を使い，整数係数の同次式 $f_a(x, y)$ で任意の原始的な (x, y) に対して $f_a(x, y) \equiv 1\,(\mathrm{mod}\,a)$ となるものを作り，$f_a(x, y)$ から $g_i(x, y)(c_i x + d_i)^N$ の整数係数の和を引いて求める多項式を作る方法もある．

5.2 IMO 第59回 ルーマニア大会 (2018)

●第1日目：7月9日 [試験時間 4 時間 30 分]

1.　　鋭角三角形 ABC の外接円を Γ とする．点 D, E をそれぞれ線分 AB, AC 上に AD = AE となるようにとる．BD の垂直二等分線と Γ の劣弧 $\overarc{AB}$ の交点を F，CE の垂直二等分線と Γ の劣弧 $\overarc{AC}$ の交点を G とするとき，直線 DE, FG は平行 (または同一の直線) であることを示せ．

2.　　3 以上の整数 n で，次の条件をみたす $n+2$ 個の実数 $a_1, a_2, \cdots, a_{n+2}$ が存在するものをすべて求めよ．

- $a_{n+1} = a_1,\ a_{n+2} = a_2$
- $i = 1, 2, \cdots, n$ に対して，　$a_i a_{i+1} + 1 = a_{i+2}$

3.　　**反パスカル的三角形** とは，一番下の行以外の数はそのすぐ下のふたつの数の差の絶対値になるように正三角形状に数を並べた配列を指す．たとえば，以下の配列は 1 以上 10 以下の整数をすべて使った 4 行からなる反パスカル的三角形である．

　　2018 行からなる反パスカル的三角形であって，1 以上 $1+2+\cdots+2018$ 以下の整数をすべて使うものは存在するか？

●第 2 日目：7 月 10 日 [試験時間 4 時間 30 分]

4.　　サイトとは，x, y 座標がともに 20 以下の正の整数であるような平面上の点を指す．

　最初，400 個すべてのサイトは空である．エイミーとベンは，エイミーから始めて交互に石を置いていく．エイミーのターンには，エイミーは空のサイトをひとつ選び，新しい赤い石を置く．このとき，赤い石の置かれたどの 2 つのサイト間の距離も，ちょうど $\sqrt{5}$ になってはいけない．ベンのターンには，ベンは空のサイトをひとつ選び，新しい青い石を置く．青い石の置かれたサイトと他の空でないサイト間の距離は任意である．エイミーとベンのどちらかがこれ以上石を置けなくなったら，2 人は即座に石を置くのをやめる．

　ベンの行動によらずエイミーが少なくとも K 個の赤い石を置けるような K の最大値を求めよ．

5.　　$a_1, a_2, \cdots$ を正の整数列とする．ある 2 以上の整数 N が存在し，任意の $n \geqq N$ に対し

$$\frac{a_1}{a_2} + \frac{a_2}{a_3} + \cdots + \frac{a_{n-1}}{a_n} + \frac{a_n}{a_1}$$

は整数である．このとき，正の整数 M が存在し，任意の $m \geqq M$ に対し $a_m = a_{m+1}$ が成立することを示せ．

6.　　凸四角形 ABCD が AB·CD = BC·DA をみたす．点 X が四角形 ABCD の内部にあり，

$$\angle XAB = \angle XCD, \ \angle XBC = \angle XDA$$

をみたす．このとき，$\angle BXA + \angle DXC = 180°$ を示せ．ただし，XY で線分 XY の長さを表すものとする．

解答

【1】   以下円弧は劣弧を指すものとする．P を円弧 $\overset{\frown}{BC}$ の中央の点とする．このとき AP は ∠BAC の二等分線であり，2 等辺三角形 DAE において AP ⊥ DE となる．したがって，AP ⊥ FG を証明すれば十分である．

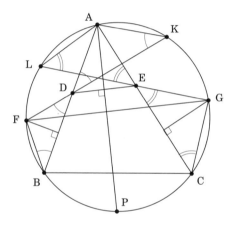

　直線 FD と円 $\varGamma$ の F 以外の交点を K と置く．このとき，FBD は 2 等辺三角形だから，

$$\angle AKF = \angle ABF = \angle FDB = \angle ADK$$

となり，AK = AD となる．同様にして，直線 GE と円 $\varGamma$ の E 以外の交点を L とおくと，AL = AE となるから， AK = AL となる．

　ここで ∠FBD = ∠FDB = ∠FAD + ∠DFA だから，$\overset{\frown}{AF} = \overset{\frown}{BF} + \overset{\frown}{AK} = \overset{\frown}{BF} + \overset{\frown}{AL}$ となり，$\overset{\frown}{BF} = \overset{\frown}{LF}$ となる．同様にして，$\overset{\frown}{CG} = \overset{\frown}{GK}$ となる．よって AP と FG のなす角は，対応する $\varGamma$ の弧長が

$$\frac{1}{2}(\overset{\frown}{AF} + \overset{\frown}{PG}) = \frac{1}{2}(\overset{\frown}{AL} + \overset{\frown}{LF} + \overset{\frown}{PC} + \overset{\frown}{CG}) = \frac{1}{4}(\overset{\frown}{KL} + \overset{\frown}{LB} + \overset{\frown}{BC} + \overset{\frown}{CK})$$

であるから，360°/4 = 90° となる．

(証明終り)

[注] この問題には，いろいろな証明法がある．

【2】 n は任意の 3 の倍数である．

証明 $a_1 = -1, a_2 = -1, a_3 = 2, \cdots, a_{n-2} = -1, a_{n-1} = -1, a_n = 2, a_{n+1} = -1, a_{n+2} = -1$ なる列は条件をみたすから，任意の 3 の倍数 n は条件をみたす．

次に，$a_1, a_2, a_3, \cdots, a_{n+1}, a_{n+2}$ が条件をみたすとすると，$a_{n+1} = a_1, a_{n+2} = a_2$ だから，この数列を周期 n を持つ長さ無限の数列に拡張しておく．

もし a_i, a_{i+1} が共に正なら，漸化式より $a_{i+2} > 1$, $a_{i+3} > 1$ となるから，

$$a_{i+4} = a_{i+2}a_{i+3} + 1 > a_{i+3}$$

となり $a_{i+j} \, (j \geqq 3)$ は単調増加するが，a_{i+j} は周期 n を持ち有界だから矛盾である．

もし $a_i = 0$ となるなら，$a_{i+1} = a_{i-1}a_i + 1 = 1$, $a_{i+2} = a_i a_{i+1} + 1 = 1$ となり，2 つ続けて正だから矛盾する．

もし a_i, a_{i+1} が共に負なら，$a_{i+2} = a_i a_{i+1} + 1 > 1$ は正となる．したがって，数列 a_i の符号は，正のものは高々 1 つ，負のものは高々 2 つしか続かない．

もし a_i 負，a_{i+1} 負，a_{i+2} 正，a_{i+3} 負，a_{i+4} 正，a_{i+5} 負 なら，$a_{i+2} = a_i a_{i+1} + 1 > 1$, $a_{i+4} = a_{i+2}a_{i+3} + 1 < 1$ となり，

$$a_{i+5} - a_{i+4} = a_{i+3}(a_{i+4} - a_{i+2})$$

の左辺は負，右辺は正となり矛盾する．

もし a_{i+1} 以下符号が負と正を交互に繰り返すなら，この式の左辺と a_{i+3} が負で，$a_{j+4} > a_{j+2} > 0$ となり，符号が正が続いた場合と同様に矛盾する．

以上より a_i の符号は，負，負，正，負，負，正を繰り返す．したがって n が 3 の倍数であることが分かり，証明が完成した．

[注] $\displaystyle\sum_{i=1}^{n}(a_i - a_{i+3})^2 = 0$ を使って n が 3 の倍数であることを証明することもできる．

【3】 存在しない．

証明 $n = 2018$ 行からなる反パスカル的三角形 T であって，1 以上 $1 + 2 +$

$\cdots + n$ 以下の整数をすべて使うものが存在したとする.

三角形の一番上にある数を $a_1 = b_1$ とする. このとき, 2 番目の行にある 2 つの数の小さい方を a_2, 大きい方を b_2 とすると, $b_2 - a_2 = a_1$ となるから, $b_2 = a_1 + a_2$ となる. 次に上から 3 行目で b_2 の下にある数で小さい方を a_3, 大きい方を b_3 とすると, $b_3 = b_2 + a_3 = a_1 + a_2 + a_3$ となる. この手続きを繰り返して, $a_1, a_2, \cdots, a_n$ と $b_1, b_2, \cdots, b_n$ を作る.

$a_1, a_2, \cdots, a_n$ は 1 以上 n 以下の相異なる n 個の数であり, $b_n = a_1 + a_2 + \cdots + a_n \leqq 1 + 2 + \cdots + n$ であるから, $b_n = 1 + 2 + \cdots + n$ となり, 集合として $\{a_1, a_2, \cdots, a_n\} = \{1, 2, \cdots, n\}$ が成り立つ. また, a_n, b_n は一番下の行に隣り合って並ぶ.

そこで, T の最下行から a_n, b_n を除いてできる 2 つの列のうち長い方を底辺とする, 元の三角形 T に含まれる反パスカル的三角形 T′ を考える.

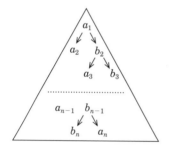
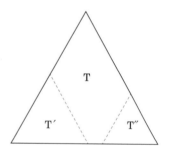

この三角形が ℓ 行からなるとすると, 作り方より $\ell \geqq (n-2)/2$ となる. さらに, この三角形に含まれる数は $1, 2, \cdots, n$ 以外の数だから, $n+1$ 以上である. そこで T′ について T と同様の数列 $a_1', a_2', \cdots, a_\ell'$ と $b_1', b_2', \cdots, b_\ell'$ を作ると,

$$b_\ell' \geqq (n+1) + (n+2) + \cdots + (n+\ell) = \frac{\ell(2n+\ell+1)}{2}$$

$$\geqq \frac{1}{2} \frac{n-2}{2} \left(2n + \frac{n-2}{2} + 1 \right) \geqq \frac{5n(n-2)}{8}$$

となるが, この数は $n = 2018$ のとき $1 + 2 + \cdots + n = \frac{n(n+1)}{2}$ より大きくなり, 矛盾する.

(証明終り)

【4】　K の最大値は, $20^2/4 = 100$ である.

5.2. IMO 第 59 回 ルーマニア大会 (2018) 161

100 以上であることの証明 サイト (x, y) を $x + y$ が奇数であるか偶数であるかにより，奇数のサイト，偶数のサイトと呼ぶ．もし二つのサイト $(x.y)$ と (x', y') の間の距離が $\sqrt{5}$ なら，$(x - x')^2 + (y - y')^2 = 5$ となるから，$x - x', y - y'$ の一方は ± 1 で他方は ± 2 となる．したがって，距離が $\sqrt{5}$ の 2 つのサイトの間の偶奇は逆となる．そこでエイミーは偶数のサイトを選び続けると，それまで置いた石との距離が $\sqrt{5}$ となることはない．したがって，ベンと交代で石を置くことを考えても，偶数のサイトの個数 $20^2/2$ の半分である $20^2/4 = 100$ 個にエイミーは石を置くことができる．したがって K の最大値は 100 以上である．

100 を越さないことの証明 $20^2 = 400$ のサイトを縦横とも 4 の $400/4^2$ 個の小ブロックに分ける．さらに，各々の小ブロックを以下のような 4 つのサイトからなる 4 つの**サイクル**に分ける．

a	b	c	d
c	d	a	b
b	a	c	d
c	d	b	a

この分け方で a, b, c, d の同じ文字が入ったサイトは**同じサイクルに入る**ということにする．このようにすると，各サイクルには奇数のサイトが 2 個，偶数のサイトが 2 個含まれており，各サイクルの 1 つのサイトから 2 つある偶奇が異なるサイトまでの距離は，ちょうど $\sqrt{5}$ となっている．

　ベンはエイミーに 100 以上の石を置かせないため，エイミーがあるブロックのあるサイクルのサイトに赤石を置いたら，同じブロックの同じサイクルの偶奇が同じサイトに青石を置くことにする．このようにすると，エイミーが 100 個のサイトに赤石を置き，ベンが 100 個のサイトに青石を置くと，すべてのブロックのすべてのサイクルにエイミーが赤石を置いており，その石と偶奇が異なるサイトのみが残っていることになる．しかし距離の関係から，そのようなサイトにエイミーは赤石を置くことができない．したがって，K の最大値は 100 となる．

（証明終り）

【5】　$n \geqq N$ とすると,

$$s_n = \frac{a_1}{a_2} + \frac{a_2}{a_3} + \cdots + \frac{a_{n-1}}{a_n} + \frac{a_n}{a_1}$$

は整数となる. したがって,

$$s_{n+1} - s_n = \frac{a_n}{a_{n+1}} + \frac{a_{n+1}}{a_1} - \frac{a_n}{a_1} = \frac{a_n}{a_{n+1}} + \frac{a_{n+1} - a_n}{a_1}$$

が整数となる. ここでつぎの補題が成り立つ.

補題　a, b, c を自然数とし, $M = b/c + (c-b)/a$ が整数だとする. このとき,
(1)　もし a, c の最大公約数 $\gcd(a, c)$ が 1 なら, c は b を割り切る.
(2)　もし a, b, c の最大公約数 $\gcd(a, b, c)$ が 1 なら, a, b の最大公約数 $\gcd(a, b)$ が 1 となる.

補題の証明　(1)　$ab = c(aM + b - c)$ において $\gcd(a, c) = 1$ だから, c は b を割り切る.
(2)　$c^2 - bc = a(cM - b)$ だから, $d = \gcd(a, b)$ とおくと d は c^2 を割り切るが, $\gcd(d, c) = \gcd(a, b, c) = 1$ だから, $d = 1$ となる.　　　　　(補題の証明終り)

$n \geqq N$ とし, $d_n = \gcd(a_1, a_n)$, $\delta_n = \gcd(a_1, a_n, a_{n+1})$ とおく.

$$s_{n+1} - s_n = \frac{a_n/\delta_n}{a_{n+1}/\delta_n} + \frac{a_{n+1}/\delta_n - a_n/\delta_n}{a_1/\delta_n}$$

において補題の (2) を使うと, $\gcd(a_1/\delta_n, a_n/\delta_n, a_{n+1}/\delta_n) = 1$ だから, $\gcd(a_1/\delta_n, a_n/\delta_n) = 1$ となる. よって $d_n = \delta_n \cdot \gcd(a_1/\delta_n, a_n/\delta_n) = \delta_n$ となる. よって $d_n = \delta_n$ は a_{n+1} を割り切り, d_n は $d_{n+1} = \gcd(a_1, a_{n+1})$ を割り切る. したがって, d_n ($n \geqq N$) は a_1 以下の数からなる単調増大列となり, $n \geqq L$ において $d_n = d$ となる L が存在する.

このとき, $\gcd(a_1/d, a_n/d) = 1$ となるから, 補題の (1) より $a_{n+1}/d = a_{n+1}/\delta_n$ は $a_n/d = a_n/\delta_n$ を割り切り, $a_n \geqq a_{n+1}$ ($n \geqq L$) となる. したがって a_n ($n \geqq L$) は自然数の単調減少列だから, ある自然数 M があり, 任意の $m \geqq M$ では $a_m = a_{m+1}$ となる.

[注]　この問題は, 各素数 p について p の何乗で割り切れるかを計算すると, 補題などがほぼ自明となり, 見通しが良くなる.

【6】 ∠AXC の 2 等分線に関し B を折り返した点を B' とおくと，$\angle AXB' = \angle CXB, \angle AXB = \angle CXB'$ が成り立つ．もし B', X, D が一直線上にあれば，$\angle AXB + \angle CXD = \angle B'XC + \angle CXD = \angle B'XD = 180°$ が成り立つから，そうではないとして矛盾を導く．

直線 XB' 上に $XE \cdot XB = XA \cdot XC$ をみたす点 E をとると，$\triangle AXE \sim \triangle BXC, \triangle CXE \sim BXA$ が成り立つ．ここで，$\angle XCE + \angle XCD = \angle XBA + \angle XAB < 180°$，$\angle XAE + \angle XAD = \angle XDA + \angle XAD < 180°$ となるから，点 X は四角形 EADC の $\angle ECD$ と $\angle EAD$ の内側にある．さらに，X は $\triangle EAD$ と $\triangle ECD$ の 1 方の内部にあり，残りの三角形の外部にある．

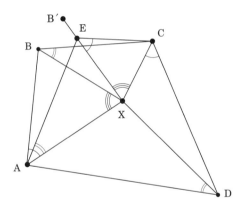

上で述べた二つの相似性より，$XA \cdot BC = XB \cdot AE, XB \cdot CE = XC \cdot AB$ となる．また仮定より，$AB \cdot CD = BC \cdot DA$ が成り立つ．よって，$XA \cdot BC \cdot CD \cdot CE = XB \cdot AE \cdot CD \cdot CE = XC \cdot AE \cdot CD \cdot AB = XC \cdot AE \cdot BC \cdot DA$ となるから，$XA \cdot CD \cdot CE = XC \cdot AD \cdot AE$ となる．これを書き直すと，

$$\frac{XA \cdot DE}{AD \cdot AE} = \frac{XC \cdot DE}{CD \cdot CE}$$

となる．ここで次の補題を証明する．

補題 PQR を三角形とし，X を角 $\angle QPR$ 内の点で，$\angle QPX = \angle PRX$ をみたすとする．このとき不等式

$$\frac{PX \cdot QR}{PQ \cdot PR} < 1$$

は，X が △PQR の内部にあるとき，そのときに限り成り立つ.

　この補題が成り立つとすると，B′, X, D が一直線上にないと仮定したから，X は △EAD と △ECD の一方の内部にあり，上記の等式の一方のみが 1 より小さくなり矛盾し，証明は完成する.

補題の証明　角領域 QPR 内における ∠QPX = ∠PRX となる X の軌跡は，R を通り点 P において直線 PQ に接する円 γ の弧 α をなす. γ が直線 QR と交わるもう一つの点を Y とおく (γ が P において直線 QR と接するなら Y = P とおく). このとき，△QPY ∼ △QRP だから，PY = (PQ·PR)/QR となる. したがって，PX < PY が X が三角形 PQR の内部にあるとき，そのときに限り成り立つことを言えばよい.

　ℓ を Y を通り PQ に平行な直線とする. このとき，γ 上の点 Z で PZ < PY となる点は，直線 PQ と ℓ の間にあることに注意しておく.

(1)　Y が線分 QR の上にある場合 (下図左参照)

　この場合に Y は，円弧 γ を $\widehat{\mathrm{PY}}$ と $\widehat{\mathrm{YR}}$ に分ける. $\widehat{\mathrm{PY}}$ は三角形 PQR 内にあり，$\widehat{\mathrm{PY}}$ は ℓ と直線 PQ の間にあるから，X ∈ $\widehat{\mathrm{PY}}$ なら PX < PY となる. また，円弧 $\widehat{\mathrm{YR}}$ については，三角形 PQR の外にあり，$\widehat{\mathrm{YR}}$ は ℓ に関して P と反対側にあるから，X ∈ $\widehat{\mathrm{YR}}$ なら PX > PY となる.

(2)　Y が線分 QR の延長線上にある場合 (下図右参照)

　この場合には，円弧 α の全体が三角形 PQR の内部にあり，X ∈ α なら PX < PY となる.　　　　　　　　　　　　　　　　　　　(補題の証明終り)

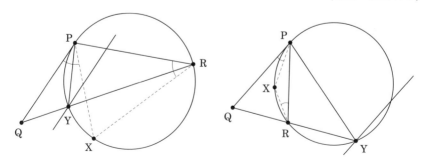

　[注]　この問題は，∠XAB = ∠XCD かつ ∠XBC = ∠XDA なら，∠CXA,

∠BXD の大きさは X の取り方によらず一定であり，したがって，X は凸四角形 ABCD 内において一意的に定まる．そのことと，AB·CD = BC·DA を使ってこの問題を解くことも可能である．

5.3 IMO 第60回 イギリス大会 (2019)

●第1日目：7月16日 [試験時間4時間30分]

1. $\mathbb{Z}$ を整数全体からなる集合とする．関数 $f: \mathbb{Z} \to \mathbb{Z}$ であって，任意の整数 a, b に対して

$$f(2a) + 2f(b) = f(f(a+b))$$

をみたすものをすべて求めよ．

2. 三角形 ABC の辺 BC 上に点 A_1 が，辺 AC 上に点 B_1 がある．点 P，Q はそれぞれ線分 AA_1，BB_1 上の点であり，直線 PQ と AB は平行である．点 P_1 を，直線 PB_1 上の点で $\angle PP_1C = \angle BAC$ かつ点 B_1 が線分 PP_1 の内部にあるようなものとする．同様に点 Q_1 を，直線 QA_1 上の点で $\angle CQ_1Q = \angle CBA$ かつ点 A_1 が線分 QQ_1 の内部にあるようなものとする．

このとき，4点 P，Q，P_1，Q_1 は同一円周上にあることを示せ．

3. あるソーシャルネットワークサービスにはユーザーが 2019 人おり，そのうちのどの2人も互いに友人であるか互いに友人でないかのどちらかである．

いま，次のようなイベントが繰り返し起きることを考える：

3人のユーザー A, B, C の組であって，A と B，A と C が友人であり，B と C は友人でないようなものについて，B と C が友人になり，A は B，C のどちらとも友人ではなくなる．これら以外の2人組については変化しないとする．

はじめに，友人の数が 1009 人であるユーザーが 1010 人，友人の数が 1010 人であるユーザーが 1009 人存在するとする．上のようなイベントが何回か起きた後，全てのユーザーの友人の数が高々 1 人になることがあることを示せ．

●第 2 日目：7 月 17 日 [試験時間 4 時間 30 分]

4. 以下をみたす正の整数の組 (k, n) をすべて求めよ：

$$k! = (2^n - 1)(2^n - 2)(2^n - 4) \cdots (2^n - 2^{n-1}).$$

5. バース銀行は表面に「H」が，裏面に「T」が印字されている硬貨を発行している．康夫君はこれらの硬貨 n 枚を左から右へ一列に並べた．いま，康夫君が以下のような操作を繰り返し行う：

> ある正の整数 k について H と書かれている面が表を向いている硬貨がちょうど k 枚あるとき，左から k 番目にある硬貨を裏返す．そうでないときは操作を終了する．

たとえば，$n = 3$ で硬貨が「THT」のように並んでいるときは，$THT \to HHT \to HTT \to TTT$ と変化し，康夫君は 3 回で操作を終了する．

1. どのような初期状態についても，康夫君は操作を有限回で終了させられることを示せ．

2. 初期状態 C に対して，$L(C)$ で操作が終了するまでに行われる回数を表すものとする．たとえば $L(THT) = 3$ であり，$L(TTT) = 0$ である．初期状態 C がありうる 2^n 通り全体を動くときの $L(C)$ の平均値を求めよ．

6. $AB \neq AC$ をみたす鋭角三角形 ABC の内心を I とする．三角形 ABC の内接円 ω は，辺 BC, CA, AB とそれぞれ点 D, E, F で接している．D を通り EF に垂直な直線と ω が D でない点 R で交わるとする．直線 AR と ω が R でない点 P で交わるとする．さらに三角形 PCE と PBF の外

接円が P でない点 Q で交わるとする.

このとき,直線 DI と PQ は,A を通り AI に垂直な直線上で交わること を示せ.

解答

【1】　与式の a に 0 を，b に $a+b$ を代入することで $f(0)+2f(a+b) = f(f(a+b))$ を得る．これと与式を比べることで $f(2a)+2f(b) = f(0)+2f(a+b)$ とわかる．この式の b に a を代入し，$f(2a)+2f(a) = f(0)+2f(2a)$，つまり $f(2a) = 2f(a)-f(0)$ を得る．これらから，$2f(a)-f(0)+2f(b) = f(2a)+2f(b) = f(0)+2f(a+b)$ といえる．ここで式を整理し $b=1$ とすると，$f(a+1) = f(a)-f(0)+f(1)$ となるので，a についての数学的帰納法を用いることで，$c = f(1)-f(0)$，$d = f(0)$ とおくと任意の整数 a について $f(a) = ca+d$ が成り立つことがわかる．このとき

$$f(2a)+2f(b) = 2c(a+b)+3d$$

$$f(f(a+b)) = c^2(a+b)+(c+1)d$$

であるので $2c = c^2$ および $3d = (c+1)d$ が成り立つ必要があるといえる．よって関数 f は d を任意の整数として $f(a) = 2a+d$ もしくは $f(a) = 0$ とかけるとわかるが，上の式からこれらはいずれも条件をみたす．

【2】　直線 AA_1 と三角形 ABC の外接円の交点のうち A でないものを A_2，直線 BB_1 と三角形 ABC の外接円の交点のうち B でないものを B_2 とする．また直線 AA_1 と BB_1 の交点を D とおく．3 点 A, P, D がこの順に並んでいるとき，円周角の定理より

$$\angle QPA_2 = \angle BAA_2 = \angle BB_2A_2 = \angle QB_2A_2$$

が成り立つので 4 点 P, Q, A_2, B_2 は同一円周上にあることがわかる．
　また 3 点 A, D, P がこの順に並んでいるとき，円周角の定理より

$$\angle QPA = \angle BAA_2 = \angle BB_2A_2 = \angle QB_2A_2$$

が成り立つのでこの場合にも 4 点 P, Q, A_2, B_2 は同一円周上にあることがわ

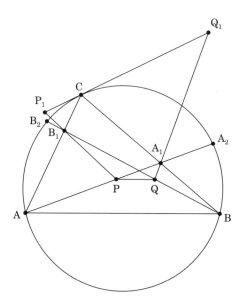

かる.

　4 点 P, Q, A_2, B_2 を通る円を ω とおく. この円 ω の上に P_1 と Q_1 が存在することを示せばよい. 再び円周角の定理より

$$\angle CA_2A = \angle CBA = \angle CQ_1Q$$

が成り立つので, 4 点 C, A_1, A_2, Q_1 は同一円周上にある. よって 3 点 A, P, D

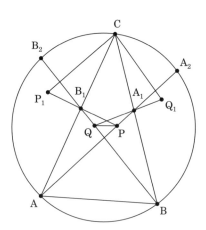

がこの順に並んでいるとき,

$$\angle A_2Q_1Q = \angle A_2CA_1 = \angle A_2AB = \angle A_2PQ$$

が成り立つ. また 3 点 A, D, P がこの順に並んでいるときにも

$$\angle A_2Q_1Q = 180° - \angle A_2CA_1$$

$$= 180° - \angle A_2AB$$

$$= \angle A_2PQ$$

が成り立つのでどちらの場合でも 4 点 P, Q, A_2, Q_1 は同一円周上にあるとわかる. よって Q_1 は ω の上にあるとわかり, P_1 についても同様に ω の上にあることが示せる.

【3】　ユーザーを頂点とし, 友人どうしである 2 人の間に辺があるようなグラフについて考える. 元のグラフにおいてどの 2 つの頂点の次数 (頂点から出ている辺の数) の和も 2018 以上である. その 2 つの頂点が辺で結ばれていないとすると鳩の巣原理よりどちらの頂点とも結ばれている頂点が 1 つは存在する. よって元のグラフは連結 (任意の 2 点 a $(= x_0)$, b $(= x_n)$ に対してある $x_1, \cdots, x_{n-1}$,(本問の場合は $n = 2$) が存在して x_i と x_{i+1} は辺で結ばれている) であり, したがって連結成分は 1 個である. ここで連結成分とは　任意の一点をとり, それと連結しているすべての頂点の集合であり, すると, グラフ全体の頂点の集合は, 何個かの連結成分の排反な和集合となる. また元のグラフは次数 1009 の頂点をもち, 完全 (任意の 2 点が辺で結ばれているグラフ) ではないので, 次の条件

　　3 個以上の頂点をもつすべての連結成分は完全でなく, 次数が奇数
　　の頂点をもつ.

をみたす. この条件をみたすグラフが次数 2 以上の頂点をもてば, うまく操作 (問題にあるイベントを行うこと) することで操作後も同じ条件をみたすようにできることを示す. 元のグラフの辺は有限本しかなく, 操作を行うごとに辺は 1 本減るので, これが示せれば有限回操作を繰り返すことでグラフのすべての

頂点の次数を 1 以下にできることがわかる.

　グラフ G が上の条件をみたし,次数 2 以上の頂点をもっているとする.次数が最大の頂点を 1 つとり A とし,A を含む G の連結成分を G' とする.このとき A と辺で結ばれている 2 頂点であって,その 2 頂点は辺で結ばれていないものが存在する.なぜなら,もしそうでないとすると A のとり方から G' に含まれる頂点は A か A' と辺で結ばれている頂点となり,G' が完全になってしまうので G が上の条件をみたすという仮定に矛盾する.G' から A をとり除いたグラフを考えると,いくつかの連結成分 $G_1, G_2, \cdots, G_k$ に分かれる.このとき元のグラフにおいてはこれらは A と 1 本以上の辺でつながっている.ここで k や A の次数などで場合分けする.

1. k が 2 以上で,ある i について A と G_i の間に 2 本以上の辺があるとき

   このとき G_i に含まれる頂点 B で A と辺で結ばれているものをとり,G_i とは別の連結成分 G_j とその頂点 C で A と辺で結ばれているものをとる.このとき B と C は別の連結成分に含まれているので間に辺はなく,A, B, C に対して操作を行うことができる.このとき G_i のとり方より操作後も G' は連結のままであり,操作によって辺の数は減り,頂点の次数の偶奇は変化しないことから操作後のグラフも条件をみたすことがわかる.

2. k が 2 以上で,任意の i について A と G_i の間にちょうど 1 本の辺があるとき

   それぞれの i について G_i と A のみからなるグラフを考える.このとき A の次数は 1 で特に奇数であるので,A の他に次数が奇数であるような頂点が存在する.この頂点は G の中で考えても次数が変わらないので,各 i について G_i は G において次数が奇数の頂点を含むことがわかる.B, C を A と辺で結ばれている 2 頂点とする.このとき A, B, C に対して操作を行うと,2 つの連結成分ができる.今確認したことから,3 個以上の頂点をもつ連結成分は奇数次数の頂点をもち,また完全ではないので上の条件をみたす.

3. $k = 1$ で A の次数が 3 以上のとき

上で確認した通り，A と辺で結ばれている 2 頂点 B, C であって，この 2 つは辺で結ばれていないものが存在する．このとき A, B, C に対して操作を行うと連結性が保たれるので，操作後も条件をみたす．

4. $k = 1$ で A の次数が 2 のとき

B, C を A と辺で結ばれている 2 頂点とする．このとき A, B, C に対して操作を行うと，2 つの連結成分ができる．このうち片方は 1 点からなり，もう片方は奇数次数の頂点をもつ．これが完全でなければ操作後も条件をみたす操作ができたことになる．この連結成分が完全である場合を考える．このとき G_1 は辺を 1 本付け加えると完全になるようなグラフである．もし G_1 の頂点の数が 3 であれば，G' はすべての頂点の次数が偶数となるので矛盾する．よって G_1 の次数は 4 以上であり，G_1 の B, C 以外の頂点を 2 つ選ぶことができる．それらを D, E とすると B と D の間に辺があり，A と D の間には辺がないので A, B, D の 3 点に操作を行うことができる．このとき A と D, B と E, E と D の間に辺があるので操作後もグラフは連結のままである．よってこの場合にも操作後のグラフは条件をみたす．

以上よりどの場合にも操作後のグラフが条件をみたすような操作が存在するので，題意は示された．

【4】 $(2^n - 1)(2^n - 2)(2^n - 4) \cdots (2^n - 2^{n-1})$ を R_n で表すことにする．

$$R_n = 2^{1+2+\cdots+(n-1)}(2^n - 1)(2^{n-1} - 1) \cdots (2 - 1)$$

より，R_n は 2 でちょうど $\dfrac{n(n-1)}{2}$ 回割りきれることがわかる．また $k!$ は $\displaystyle\sum_{i=1}^{\infty} \left\lfloor \dfrac{k}{2^i} \right\rfloor$ 回だけ 2 で割りきれ，

$$\sum_{i=1}^{\infty} \left\lfloor \frac{k}{2^i} \right\rfloor \leqq \sum_{i=1}^{\infty} \frac{k}{2^i} = k$$

であるので，$k! = R_n$ であるとき $\dfrac{n(n-1)}{2} \leqq k$ とわかる．

$$15! = (15 \cdot 14 \cdot 10) \cdot (13 \cdot 5) \cdot (12 \cdot 11) \cdot (9 \cdot 8) \cdot 1008$$

$$> 2^{11} \cdot 2^6 \cdot 2^7 \cdot 2^6 \cdot 2^6$$

$$= 2^{36}$$

より $15! > 2^{36}$ が成り立つ．また $n \geqq 6$ のとき

$$\left(\frac{n(n-1)}{2}\right)! = \frac{n(n-1)}{2} \cdots 16 \cdot 15!$$

$$\geqq \frac{n(n-1)}{2} \cdots 16 \cdot 2^{36}$$

$$\geqq 2^4 \cdots 2^4 \cdot 2^{36}$$

$$\geqq 2^{4\left(\frac{n(n-1)}{2}-15\right)} \cdot 2^{36}$$

$$= 2^{2n(n-1)-24}$$

$$= 2^{n^2} \cdot 2^{n^2-2n-24} \geqq 2^{n^2}$$

が成り立つ．

　よって $n \geqq 6$ のとき，$k! = R_n$ が成り立つと仮定すると

$$R_n = k! \geqq \left(\frac{n(n-1)}{2}\right)! \geqq 2^{n^2} > R_n$$

となるので矛盾が生じる．よって $n \leqq 5$ とわかる．$(R_1, R_2, R_3, R_4, R_5) = (1, 6, 168, 20160, 9999360)$ であるので，求める正の整数の組 (k, n) は $(1, 1)$, $(3, 2)$ の 2 組である．

【5】　$E(n)$ で初期状態 C がありうる 2^n 通り全体を動くときの $L(C)$ の平均値を表すとする．また，A, B を T, H のいずれかとしたとき，n 枚の硬貨を左端の硬貨が A，右端の硬貨が B と書かれている面が表を向いているように並べる方法は 2^{n-2} 通りある．初期状態 C がこの 2^{n-2} 通りを動くときの $L(C)$ の平均値を $E_{AB}(n)$ で表すものとする．このとき

$$E(n) = \frac{1}{4}\left(E_{HH}(n) + E_{TH}(n) + E_{HT}(n) + E_{TT}(n)\right)$$

が成り立つ．n についての帰納法で，任意の正の整数 n について n 枚の硬貨を

並べたとき操作が有限回で終了し，$E(n) = \dfrac{n(n+1)}{4}$ であることを示す．

　$n = 1$ のとき，その 1 枚が H と書かれている面が表を向いているときは 1 回の操作で，そうでないときは 0 回の操作で操作が終了する．よってこの場合は操作が有限回で終了し，$E(1) = \dfrac{1 \cdot 2}{4} = \dfrac{1}{2}$ である．

　次に $n-1$ で上が成立すると仮定し，n の場合について示す．左端の硬貨が H である硬貨の列に操作を行うと，この 1 枚を除く $n-1$ 枚に対して操作を行ったのと同様に変化する．そして左端の 1 枚を除いたすべての硬貨が T になったとき，次の操作で左端の 1 枚が T に変わり操作が終了する．よって

$$\frac{1}{2}(E_{HH}(n) + E_{HT}(n)) = E(n-1) + 1$$

が成り立つ．また右端の硬貨が T である硬貨の列に操作を行うと，この 1 枚を除く $n-1$ 枚に対して操作を行ったのと同様に変化する．よって

$$\frac{1}{2}(E_{HT}(n) + E_{TT}(n)) = E(n-1)$$

が成り立つ．これらと同様に左端の硬貨が H で右端の硬貨が T である硬貨の列を考えると，

$$E_{HT}(n) = E(n-2) + 1$$

が成り立つことがわかる．また，左端の硬貨が T，右端の硬貨が H である硬貨の列に操作を行うと，これら 2 枚を除く $n-2$ 枚に対して操作を行ったのと同様に変化する．そしてその $n-2$ 枚がすべて T になったとき，操作を行うごとに左端の硬貨から順に H が上になるように裏返っていく．そしてすべての硬貨が H を上にして並んでいるとき，操作を行うごとに右端の硬貨から T が上になるように裏返っていく．よって

$$E_{TH}(n) = E(n-2) + 2n - 1$$

が成り立つといえる．以上より，

$$E_{HH}(n) = 2E(n-1) + 2 - (E(n-2) + 1)$$

$$= 2E(n-1) - E(n-2) + 1$$

が成り立つ．よって

$$E(n) = \frac{1}{4}(E_{HH}(n) + E_{TH}(n) + E_{HT}(n) + E_{TT}(n))$$

$$= \frac{1}{4}(2E(n-1) - E(n-2) + 1)$$

$$+ \frac{1}{4}(E(n-2) + 2n - 1)$$

$$+ \frac{1}{2}E(n-1)$$

$$= E(n-1) + \frac{n}{2}$$

$$= \frac{(n-1)n}{4} + \frac{n}{2} = \frac{n(n+1)}{4}$$

とわかる．よって以上より任意の正の整数 n に対して n 枚の硬貨を並べたとき操作が有限回で終了し，$E(n) = \frac{n(n+1)}{4}$ が成り立つことがわかる．

【6】　まず問題を示しやすい形に言い換える．直線 DI と ω の D 以外の交点を K とおく．また FE と AI の交点を N とおく．このとき方べきの定理より

$$AN \cdot AI = AE^2 = AR \cdot AP$$

が成り立つので，I, P, R, N は同一円周上に存在する．これと三角形 IPR が二等辺三角形であることから，

$$\angle INP = \angle IRP = \angle RPI = \angle RNA$$

が成り立つ．よって直線 NP と ω の交点のうち P でないものは，直線 IN に対して R と対象な点，つまり K とわかる．直線 DN と ω の D 以外の交点を S とおく．また N から直線 DK におろした垂線の足を G とおき，A を通り直線 AI に垂直な直線と DI の交点を L とおく．

このとき $\angle KGN = \angle KSN = 90°$ が成り立つので K, G, N, S は同一円周上にある．よって円周角の定理より

$$\angle GSP = \angle GSN + \angle NSP = \angle GKN + \angle DKP$$

$$= \angle DIP$$

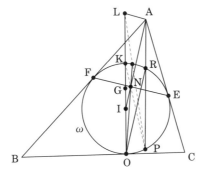

が成り立つ. よって 4 点 S, G, I, P は同一円周上に存在する. また, ∠LGN = ∠LAN = 90° より 4 点 L, G, N, A は同一円周上に存在する. よって方べきの定理より,

$$IG \cdot IL = IN \cdot IA = IF^2$$

が成り立つ. よって 4 点 S, G, I, P を通る円を ω で反転すると, S, P は自身に移り, G は L に移る. よって S, P, L は同一直線上にあることがわかる. 以上より, S, P, Q が同一直線上にあることを示せばよいとわかる.

ここで 4 点 B, C, I, Q が同一円周上にあることを示す. 簡単のため, 図の位置関係のときのみ示す.

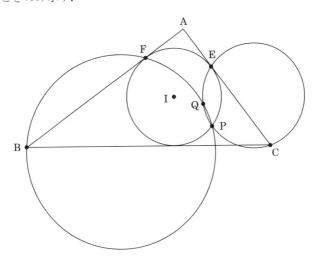

円周角の定理と接弦定理より,

$$\angle BQC = \angle BQP + \angle PQC = \angle BFP + \angle PEC$$

$$= \angle FEP + \angle PFE$$

$$= 180^\circ - \angle EPF$$

$$= \frac{1}{2}(360^\circ - \angle EIF)$$

$$= \angle BIC$$

であるので, 4 点 B, C, I, Q は同一円周上にある. この 4 点を通る円を Γ とおき, T を直線 PQ と Γ の交点のうち Q でないものとする.

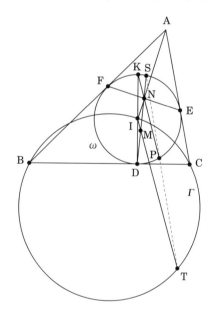

円周角の定理と接弦定理より,

$$\angle BIT = \angle BQT = \angle BFP = \angle FKP$$

が成り立つ. 直線 FK と BI はともに直線 FD と垂直なのでこれらは平行であるとわかる. よって直線 KP と IT も平行であるとわかる. I は線分 KD の中点

であるので，線分 ND と直線 IT の交点を M とおくと，M は線分 ND の中点とわかる．線分 FD の中点を E' とすると，$BE' \cdot E'I = FE' \cdot E'D$ が成り立つので，E' は ω と Γ の根軸上にあるとわかる．同様に線分 ED の中点も根軸上にあるので，これらを結ぶ線分の中点である M もまた根軸上にあることがわかる．よって $IM \cdot MT = SM \cdot MD$ が成り立つので，4 点 I, D, T, S は同一円周上にあることがわかる．よって円周角の定理と KP と IT が平行であることから，

$$\angle DST = \angle DIT = \angle DKP = \angle DSP$$

が成り立つ．よって S, P, T は同一直線上にあることがわかる．T のとり方より，このとき S, P, Q が同一直線上にあることがわかるので，題意は示された．

5.4 IMO 第61回 ロシア大会 (2020)

●第1日目：9月21日 [試験時間 4 時間 30 分]

1. 凸四角形 ABCD の内部に点 P があり，次の等式を満たしている．

$$\angle PAD : \angle PBA : \angle DPA = 1 : 2 : 3 = \angle CBP : \angle BAP : \angle BPC$$

このとき，角 ADP の二等分線，角 PCB の二等分線および線分 AB の垂直二等分線が一点で交わることを示せ．

2. 実数 a, b, c, d は $a \geqq b \geqq c \geqq d > 0$ および $a + b + c + d = 1$ を満たしている．このとき

$$(a + 2b + 3c + 4d)a^a b^b c^c d^d < 1$$

であることを示せ．

3. $4n$ 個の小石があり，それぞれの重さは $1, 2, 3, \cdots, 4n$ である．各小石は n 色のうちのいずれか 1 色で塗られており，各色で塗られている小石はちょうど 4 個ずつある．小石をうまく 2 つの山に分けることによって，次の 2 つの条件をともに満たすことができることを示せ．

- 各山に含まれる小石の重さの合計は等しい．
- 各色で塗られている小石は，各山にちょうど 2 個ずつある．

●第2日目：9月22日 [試験時間 4 時間 30 分]

4. $n > 1$ を整数とする．山の斜面に n^2 個の駅があり，どの 2 つの駅も標高が異なる．ケーブルカー会社 A と B は，それぞれ k 個のケーブル

カーを運行しており，各ケーブルカーはある駅からより標高の高い駅へ
と一方向に運行している (途中に停車する駅はない)．会社 A の k 個の
ケーブルカーについて，k 個の出発駅はすべて異なり，k 個の終着駅もす
べて異なる．また，会社 A の任意の 2 つのケーブルカーについて，出発
駅の標高が高い方のケーブルカーは，終着駅の標高ももう一方のケーブ
ルカーより高い．会社 B についても同様である．2 つの駅が会社 A また
は会社 B によって結ばれているとは，その会社のケーブルカーのみを 1
つ以上用いて標高の低い方の駅から高い方の駅へ移動できることをいう
(それ以外の手段で駅を移動してはならない)．

　このとき，どちらの会社によっても結ばれている 2 つの駅が必ず存在
するような最小の正の整数 k を求めよ．

5.　$n > 1$ 枚のカードがある．各カードには 1 つの正の整数が書かれてお
り，どの 2 つのカードについても，それらのカードに書かれた数の相加
平均は，いくつかの (1 枚でもよい) 相異なるカードに書かれた数の相乗
平均にもなっている．

　このとき，すべてのカードに書かれた数が必ず等しくなるような n を
すべて求めよ．

6.　次の条件を満たすような正の定数 c が存在することを示せ．

　　$n > 1$ を整数とし，$\mathcal{S}$ を平面上の n 個の点からなる集合であっ
　　て，$\mathcal{S}$ に含まれるどの 2 つの点の距離も 1 以上であるようなもの
　　とする．このとき，$\mathcal{S}$ を分離するようなある直線 ℓ が存在し，$\mathcal{S}$
　　に含まれるどの点についても ℓ への距離が $cn^{-1/3}$ 以上となる．

　ただし，直線 ℓ が点集合 $\mathcal{S}$ を分離するとは，$\mathcal{S}$ に含まれるある 2 点を
結ぶ線分が ℓ と交わることを表す．

　注．$cn^{-1/3}$ を $cn^{-\alpha}$ に置き換えたうえでこの問題を解いた場合，その
$\alpha > 1/3$ の値に応じて得点を与える．

解答

【1】　　∠PAD $= \alpha$ とおく．三角形 APD の内角の和は $\alpha + 3\alpha = 4\alpha$ より大きいので，$4\alpha < 180°$ がわかる．ゆえに ∠ABP $= 2\alpha < 90°$ となり，角 ABP は鋭角である．三角形 ABP の外心を O とする．角 ABP は鋭角なので O は直線 AP について B と同じ側にある．四角形 ABCD は凸なので，D は直線 AP について B と反対側にある．以上より D は直線 AP について O と反対側にある．

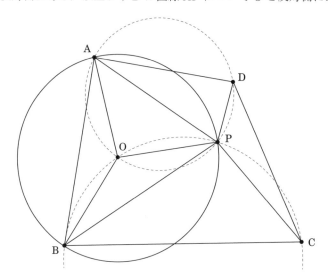

　中心角の定理より ∠AOP $= 2∠$ABP $= 4\alpha$，また ∠ADP $= 180° - ∠$PAD $-$ ∠DPA $= 180° - 4\alpha$ なので，∠AOP $+$ ∠ADP $= 180°$ となる．これと D が直線 AP について O と反対側にあることから，4点 A, O, P, D は同一円周上にある．ゆえに AO $=$ PO と円周角の定理から，角 ADP の二等分線上は O を通る．同様に角 BCP の二等分線上も O を通る．AO $=$ BO なので線分 AB の垂直二等分線も O を通り，3直線が1点 O で交わることが示された．

【2】　　重み付き相加相乗平均の不等式より

$$a^a b^b c^c d^d \leqq a \cdot a + b \cdot b + c \cdot c + d \cdot d = a^2 + b^2 + c^2 + d^2$$

となる．よって

$$(a + 2b + 3c + 4d)(a^2 + b^2 + c^2 + d^2) < 1$$

を示せばよい．$a + b + c + d = 1$ なので

$$(a + 2b + 3c + 4d)(a^2 + b^2 + c^2 + d^2) < (a + b + c + d)^3$$

を示せばよい．

$$(a + b + c + d)^3$$

$$= a^2(a + 3b + 3c + 3d) + b^2(3a + b + 3c + 3d) + c^2(3a + 3b + c + 3d)$$

$$+ d^2(3a + 3b + 3c + d) + 6(abc + bcd + cda + dab)$$

なので，$a \geqq b \geqq c \geqq d > 0$ より

$$(a + b + c + d)^3 > a^2(a + 3b + 3c + 3d) + b^2(3a + b + 3c + 3d)$$

$$+ c^2(3a + 3b + c + 3d) + d^2(3a + 3b + 3c + d)$$

$$\geqq a^2(a + 2b + 3c + 4d) + b^2(a + 2b + 3c + 4d)$$

$$+ c^2(a + 2b + 3c + 4d) + d^2(a + 2b + 3c + 4d)$$

$$= (a + 2b + 3c + 4d)(a^2 + b^2 + c^2 + d^2)$$

となる．よって示された．

【3】　$4n$ 個の小石を，各小石の組について，2 つの小石の重さの合計が $4n + 1$ となるように，$2n$ 個の小石の組に分割する．小石に塗られた n 個の色に 1 から n の番号を振る．そして，n 個の頂点からなるグラフ G に次のようにして辺を張る．

　　各小石の組について，2 つの石の色をそれぞれ c, d としたとき，c
　　番目の頂点と d 番目の頂点の間に辺を張る．

このとき，n 個の辺をうまく選ぶことによって，各頂点についてその頂点を端点に持つ辺が重複度を込めてちょうど 2 個選ばれているようにできることを示せばよい (両端点がその頂点と等しい辺は重複度 2 で数え，一方の端点のみがその頂点と等しい辺は重複度 1 で数える).

各色の小石は 4 個ずつあるので，G の各頂点の次数は 4 である．よって，G の連結成分を $G_1, G_2, \cdots, G_g$ とすると，各連結成分 G_i について，オイラーの一筆書き定理を用いることができる．G_i の頂点集合を V_i とし，G_i を一筆書きしたときにたどる頂点の順番を $A_0, A_1, \cdots, A_k = A_0$ とする．k は G_i に含まれる辺の個数と一致するので，G_i の各頂点の次数が 4 であることより $k = 4 \times |V_i| \div 2 = 2|V_i|$ である．ここで，$E_i = \{(A_{2j}, A_{2j+1})| j = 0, 1, \cdots, |V_i| - 1\}$ という辺集合を考える．$A_0, A_1, \cdots, A_{k-1}$ に G_i の各頂点は 2 回ずつ現れるので，G_i の各頂点についてその頂点を端点に持つ辺は E_i において重複度を込めてちょうど 2 個選ばれている．よって，$E_1, E_2, \cdots, E_g$ の和集合を E とすると，G の各頂点についてその頂点を端点に持つ辺は E において重複度を込めてちょうど 2 個選ばれている．また，E の要素数は $|E_1| + |E_2| + \cdots + |E_g| = |V_1| + |V_2| + \cdots + |V_g| = n$ である．よって，E は条件を満たす辺の選び方となり，示された．

【4】 求める最小の値が $n^2 - n + 1$ であることを示す.

まず $k \leqq n^2 - n$ のときに条件を満たさない場合を構成する．$k = n^2 - n$ として構成すればよい．駅を標高の低い方から $S_1, \cdots, S_{n^2}$ とする．会社 A は $S_i S_{i+1}$ 間 ($1 \leqq i \leqq n^2 - 1, i$ は n の倍数でない) を結ぶケーブルカーを，会社 B は $S_i S_{i+n}$ 間 ($1 \leqq i \leqq n^2 - n$) を結ぶケーブルカーを運行しているとする．このときどちらの会社によっても結ばれている 2 つの駅は存在しない.

次に $n^2 - n + 1 \leqq k$ のときにどちらの会社によっても結ばれている 2 つの駅が存在することを示す．駅 $S_1, \cdots, S_{n^2}$ を頂点とし，ケーブルカーで結ばれている 2 駅を辺で結ぶグラフを考える．このとき，会社 A, B が運行しているケーブルカーによって結ばれている辺をそれぞれ赤，青に塗る．赤い辺のみを考えたグラフでの連結成分を $A_1, \cdots, A_s$ とし，青い辺のみを考えたグラフでの連結成分を $B_1, \cdots, B_t$ とする．A_i 内の赤い辺の個数は $|A_i| - 1$ なので，$k = |A_1| + \cdots + |A_s| - s$ となる．これと $n^2 - n \leqq k$ および $|A_1| + \cdots + |A_s| = n^2$ から $s \leqq$

$n-1$ がわかる．同様にして $t \leqq n-1$ である．さて，写像 $f\colon \{1,\cdots,n^2\} \to \{1,\cdots,s\} \times \{1,\cdots,t\}$ を，S_i を含む連結成分が A_p, B_q のときに $f(i)=(p,q)$ となるように定める．f の終域の集合の元の個数は $st \leqq (n-1)^2 < n^2$ なので，異なる i,j であって $f(i)=f(j)$ となるものが存在する．これは S_i と S_j が赤い辺でも青い辺でも同じ連結成分内に存在することを意味する．ゆえにこの 2 駅はどちらの会社によっても結ばれている．

【5】　任意の $n>1$ についてすべてのカードに書かれた数が必ず等しくなることを示す．

カードに書かれた数を $a_1 \leqq \cdots \leqq a_n$ とする．これらの最大公約数を g としたとき，カードに書かれた数をすべて g で割っても問題の条件を満たしている．ゆえに g で割ることでカードに書かれた数の最大公約数は 1 としておく．

$1 < a_n$ と仮定して矛盾を導く．$1 < a_n$ なので a_n の素因数 p がとれる．カードに書かれた数の最大公約数は 1 なので，カードに書かれた数の中に p で割り切れないものが存在する．その中で最大のものを a_m とする．問題の条件から，ある $1 \leqq k$ と $1 \leqq i_1,\cdots,i_k \leqq n$ が存在し

$$\frac{a_n+a_m}{2} = \sqrt[k]{a_{i_1}\cdots a_{i_k}}$$

となる．左辺は a_m より大きいので，ある r が存在し $a_m < a_{i_r}$ となる．このとき m のとり方から a_{i_r} は p で割り切れる．先の式を整理すると

$$(a_n+a_m)^k = 2^k a_{i_1}\cdots a_{i_k}$$

となるが，右辺は p で割り切れるが左辺は p で割り切れないので矛盾．

以上より $a_n = 1$ となり，カードに書かれた数はすべて 1 であることが示された．g で割った後にすべての数が等しくなったので，初めからカードに書かれた数はすべて等しかったことがわかる．

【6】　$\mathcal{S}$ を分離するような任意の直線 ℓ について，$\mathcal{S}$ の点で ℓ に最も近い点から ℓ までの距離が必ず δ 以下であるような正の実数 δ をとる．$c=\frac{1}{8}$ として $\delta > \frac{1}{8}n^{-1/3}$ となることを示せば十分である．$\delta \leqq \frac{1}{8}n^{-1/3}$ と仮定して矛盾を導く．

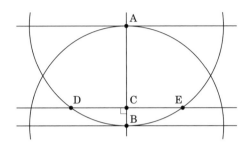

$\mathcal{S}$ の 2 点 A, B で距離 AB が最大のものをとる．さらに図のように点 C, D, E をとる．ただし C は $BC = \dfrac{1}{2}$ となる線分 AB 上の点であり，D, E は C における AB の垂線と A を中心とし B を通る円との 2 交点である．

直線 AB を ℓ，直線 DE を m とおく．$\mathcal{S}$ の各点から ℓ に下ろした垂線の足を A に近い順に $A = P_1, P_2, \cdots, P_n = B$ とする．δ の取り方より $P_i P_{i+1} \leqq 2\delta$ なので $AB \leqq 2(n-1)\delta < 2n\delta$ である．ここで，線分 DE と円弧 DE によって囲まれた有界領域 (ただし境界を含む) を考える．この領域内に存在する $\mathcal{S}$ の点の集合を $\mathcal{T}$ とし $t = |\mathcal{T}|$ とおく．このとき，$\mathcal{T}$ の各点から ℓ に下ろした垂線の足を B に近い順に並べると $B = P_n, P_{n-1}, \cdots, P_{n-t+1}$ となる．よって $\dfrac{1}{2} = BC \leqq P_n P_{n-t} \leqq 2t\delta$ となり $t \geqq \dfrac{1}{4\delta}$ である．

ここで，$\mathcal{T}$ の各点から m におろした垂線の足を D に近い順に $Q_1, Q_2, \cdots, Q_t$ とする．$\mathcal{T}$ のどの 2 点も ℓ に下ろした垂線の足の間の距離が高々 $\dfrac{1}{2}$ であるので，m に下ろした垂線の足の間の距離は $\dfrac{\sqrt{3}}{2}$ 以上である．よって，

$$DE \geqq Q_1 Q_t \geqq \frac{\sqrt{3}(t-1)}{2}$$

である．一方で $AC = AB - \dfrac{1}{2}$ より

$$DE = 2\sqrt{AB^2 - AC^2} = 2\sqrt{AB - \frac{1}{4}} < 2\sqrt{AB}$$

である．よって $AB \geqq 1$ より

$$t < 1 + \frac{4\sqrt{AB}}{\sqrt{3}} \leqq 4\sqrt{AB} < 4\sqrt{2n\delta}$$

である. $t \geqq \dfrac{1}{4\delta}$ と合わせると

$$4\sqrt{2n\delta} > \frac{1}{4\delta} \Leftrightarrow \delta^3 > \frac{1}{512n}$$

となるがこれは $\delta \leqq \dfrac{1}{8}n^{-1/3}$ の仮定に反する.

よって背理法より $\delta > \dfrac{1}{8}n^{-1/3}$ であるから, 示された.

5.5 IMO 第62回 ロシア大会 (2021)

●第1日目：7月19日 [試験時間 4時間30分]

1. $n \geqq 100$ を整数とする．康夫君は $n, n+1, \cdots, 2n$ をそれぞれ相異なる
カードに書き込む．その後，これらの $n+1$ 枚のカードをシャッフルし，
2つの山に分ける．このとき，少なくとも一方の山には，書き込まれた数
の和が平方数となるような2枚のカードが含まれていることを示せ．

2. 任意の実数 $x_1, \cdots, x_n$ に対して，不等式

$$\sum_{i=1}^{n} \sum_{j=1}^{n} \sqrt{|x_i - x_j|} \leqq \sum_{i=1}^{n} \sum_{j=1}^{n} \sqrt{|x_i + x_j|}$$

が成り立つことを示せ．

3. D は AB > AC なる鋭角三角形 ABC の内部の点であり，∠DAB =
∠CAD をみたしている．線分 AC 上の点 E が ∠ADE = ∠BCD をみた
し，線分 AB 上の点 F が ∠FDA = ∠DBC をみたし，直線 AC 上の点 X
が CX = BX をみたしている．O_1, O_2 をそれぞれ三角形 ADC, EXD の
外心とする．このとき，直線 BC, EF, $O_1 O_2$ は一点で交わることを示せ．

●第2日目：7月20日 [試験時間 4時間30分]

4. Γ を I を中心とする円とし，凸四角形 ABCD の各辺 AB, BC, CD, DA
が Γ に接している．Ω を三角形 AIC の外接円とする．BA の A 側への
延長線が Ω と X で交わっており，BC の C 側への延長線が Ω と Z で交
わっている．また，AD, CD の D 側への延長線が，それぞれ Ω と Y, T

で交わっている. このとき,

$$AD + DT + TX + XA = CD + DY + YZ + ZC$$

が成り立つことを示せ.

5. 2 匹のリス, トモとナオは冬を越すために 2021 個のクルミを集めた. トモはクルミに順に 1 から 2021 までの番号をつけ, 彼らのお気に入りの木の周りに, 環状に 2021 個の穴を掘った. 翌朝, トモはナオが番号を気にせずに各穴に 1 つずつクルミを入れたことに気づいた. 仕方がないので, トモは次の操作を 2021 回行ってクルミを並べ替えることにした. k 回目の操作ではクルミ k と隣り合っている 2 つのクルミの位置を入れ替える. このとき, ある k が存在して, k 回目の操作でトモは $a < k < b$ をみたすクルミ a, b を入れ替えることを示せ.

6. $m \geqq 2$ を整数, A を (必ずしも正とは限らない) 整数からなる有限集合とし, $B_1, B_2, B_3 \cdots, B_m$ を A の部分集合とする. 各 $k = 1, 2, \cdots, m$ について, B_k の要素の総和が m^k であるとする. このとき, A は少なくとも $m/2$ 個の要素を含んでいることを示せ.

解答

【1】　もし，n に対してある正の整数 k が存在して，$n \leqq 2k^2 - 4k$ かつ $2k^2 + 4k \leqq 2n$ をみたしたとする．このとき，

$$2k^2 - 4k < 2k^2 + 1 < 2k^2 + 4k \quad (\because k \geqq 1)$$

より，$2k^2 - 4k, 2k^2 + 1, 2k^2 + 4k$ の書かれたカードがそれぞれ存在して，どちらかの山に属するため，少なくともこれらのうち 2 枚は同じ山に属するが，

$$(2k^2 - 4k) + (2k^2 + 1) = (2k - 1)^2$$

$$(2k^2 + 1) + (2k^2 + 4k) = (2k)^2$$

$$(2k^2 - 4k) + (2k^2 + 4k) = (2k + 1)^2$$

より，いずれの場合もどちらかの山には足すと平方数となるような 2 枚のカードが存在する．よって，このような k の存在を示せば良い．

k がみたすべき条件は

$$k^2 + 2k \leqq n \leqq 2k^2 - 4k$$

と書き換えられることに注意する．ここで，$k^2 + 2k \leqq n$ となるような最大の整数 k を取ることを考える．$n \geqq 100$ より $9^2 + 2 \cdot 9 = 99 < n$ であることから，$k \geqq 9$ であり，

$$\lim_{k \to \infty} (k^2 + 2k) = \infty$$

より，条件をみたすような k が必ず存在する．このとき，

$$k^2 + 2k \leqq n < (k + 1)^2 + 2(k + 1)$$

が成り立つが，$k \geqq 9$ より

$$2k^2 - 4k - \left((k + 1)^2 + 2(k + 1)\right) = k^2 - 8k - 3$$

$$= (k-4)^2 - 19$$

$$\geqq 6$$

であるから，このような k に対して，

$$k^2 + 2k \leqq n < (k+1)^2 + 2(k+1) < 2k^2 - 4k$$

が成り立つ．ゆえに，任意の整数 $n \geqq 100$ についてこのような k が存在し，題意は示された．

【2】　$n = 0, 1, \cdots$ として数学的帰納法で示す．$n = 0$ のときは両辺がともに 0 であり，$n = 1$ のときは左辺が 0，右辺が非負であるから成り立っている．以下，$k \geqq 2$ とし，$n = 0, 1, \cdots, k-1$ のときは成立していると仮定する．

まず，$x_1, x_2, \cdots, x_k$ を任意にとる．次に，$f(t)$ を

$$f(t) = \sum_{i=1}^{k} \sum_{j=1}^{k} \left(\sqrt{|(x_i+t) + (x_j+t)|} - \sqrt{|(x_i+t) - (x_j+t)|} \right)$$

で定める．ここで，

$$\sqrt{|(x_i+t) - (x_j+t)|} = \sqrt{|x_i - x_j|}$$

は t によらない定数であることに注意する．また，$g(t) = \sqrt{|2t+a|}$ という関数を考えると，これは t が実数全体を動くとき連続であり，$t \neq 0$ で上に凸である．$f(t)$ もこのような形の k 個の関数と定数の和で表されるから連続であり，さらにある i, j が存在して $2t + x_i + x_j = 0$ となるような t を小さい方から順に $y_1, \cdots, y_m$ とすると，$t < y_1, y_i < t < y_{i+1}$ $(1 \leqq i \leqq m-1), y_m < t$ の範囲でそれぞれ上に凸になることが分かる．このとき，$y_i < t < y_{i+1}$ に対して，

$$f(t) \geqq r f(y_i) + (1-r) f(y_{i+1})$$

$$\geqq \min(f(y_i), f(y_{i+1}))$$

$$\left(\text{ただし,} \ r = \frac{y_{i+1} - t}{y_{i+1} - y_i} \right)$$

が成り立つ．さらに $\lim_{t \to \infty} = \infty$ と上に凸であることから，$t > y_m$ で $f(t)$ は単

調増加であり連続であることから特に $f(t) \geqq f(y_m)$ となる. 同様に $t < y_1$ について $f(t) \geqq f(y_1)$ となる. いま示したいことは $f(0) \geqq 0$ であるが, 以上のことから $f(y_1), \cdots, f(y_m)$ がいずれも非負となることを示せば良い.

y_l の定義からある i, j について $2y_l + x_i + x_j = 0$ が成り立つ. $i = j$ のときは $x_i + y_l = 0$ であり, $x_1, x_2, \cdots, x_k$ を並べ替えても $f(t)$ が変化しないことに注意すると, $y_l = -x_k$ のときについて示せば十分であるが, $x_k + y_l = 0$ より,

$$f(y_l) = \sum_{i=1}^{k-1} \sum_{j=1}^{k-1} \left(\sqrt{|(x_i + y_l) + (x_j + y_l)|} - \sqrt{|(x_i + y_l) - (x_j + y_l)|} \right)$$

となるから, これは帰納法の仮定より 0 以上となる. $i \neq j$ のときは $x_i + x_j + 2y_l = 0$ であり, 同様に $y_l = -\dfrac{x_{k-1} + x_k}{2}$ のときについて示せば十分であるが, $x_k + y_l = -(x_{k-1} + y_l)$ より, 任意の i $(1 \leqq i \leqq k)$ について

$$\sqrt{|(x_i + y_l) + (x_{k-1} + y_l)|} - \sqrt{|(x_i + y_l) - (x_{k-1} + y_l)|}$$

$$= - \left(\sqrt{|(x_i + y_l) + (x_k + y_l)|} - \sqrt{|(x_i + y_l) - (x_k + y_l)|} \right)$$

が成り立つ ($i = k - 1, k$ とし, j を任意に定めた場合も同様に成り立つ) ことから,

$$f(y_l) = \sum_{i=1}^{k-2} \sum_{j=1}^{k-2} \left(\sqrt{|(x_i + y_l) + (x_j + y_l)|} - \sqrt{|(x_i + y_l) - (x_j + y_l)|} \right)$$

であり, このときも帰納法の仮定より成り立つ. ゆえに $n = k$ のときについて示され, 数学的帰納法によりすべての n について成り立つことが示された.

別解　大学の線形代数と解析学の知識を使う別解を挙げておこう.

まず, 準備として実対称行列 A (A の転置行列を $^t A$ として, $^t A = A$, A の成分は実数) に対し $^t \vec{x} A \vec{x}$ を **2 次形式**という. たとえば $\vec{x} = \begin{pmatrix} x \\ y \\ z \end{pmatrix}$, ($^t \vec{x} = \begin{pmatrix} x & y & z \end{pmatrix}$),

$$A = \begin{pmatrix} a & d & e \\ d & b & f \\ e & f & c \end{pmatrix} \text{なら}$$

$$\begin{pmatrix} x & y & z \end{pmatrix} \begin{pmatrix} a & d & e \\ d & b & f \\ e & f & c \end{pmatrix} \begin{pmatrix} x \\ y \\ z \end{pmatrix} = ax^2 + by^2 + cz^2 + 2dxy + 2exz + 2fyz$$

となる. すると A の固有値はすべて実数となるが, A の固有値がすべて非負なら任意の $\vec{x}$ に対して $^t\vec{x}A\vec{x} \geqq 0$ は知られている (∵ 直交行列により対角化できるので). このとき A を半正定値 (非負定値) 行列という.

また A の ij 成分 $a_{ij} = (\vec{y_i}, \vec{y_j})$ と内積 (グラム行列) で表されると $\sum_{i=1}^{n}\sum_{j=1}^{n} x_i a_{ij} x_j = \left|\sum_{i=1}^{n} x_i \vec{y_i}\right|^2 \geqq 0$ となるため A は非負定値となる. 以上の知識を用いてみよう.

$\vec{x} = \begin{pmatrix} 1 \\ 1 \\ \vdots \\ 1 \end{pmatrix}$ なら $\sum_{i=1}^{n}\sum_{j=1}^{n} a_{ij} = \begin{pmatrix} 1 & 1 & \cdots & 1 \end{pmatrix} A \begin{pmatrix} 1 \\ 1 \\ \vdots \\ 1 \end{pmatrix}$ となるので本問は $A =$

(a_{ij}), $(a_{ij} = \sqrt{|x_i + x_j|} - \sqrt{|x_i - x_j|})$ が半正定値を示せば良い. また $I(p) = \int_0^\infty \frac{1 - \cos(px)}{x\sqrt{x}} dx$ を考えると $I(p) = I(-p)$ で $y = px\,(p > 0)$ で置換すると $I(p) = \sqrt{|p|}I(1)$ がわかる. すると

$$\sqrt{|a + b|} - \sqrt{|a - b|} = \frac{1}{I(1)} \int_0^\infty \frac{\cos(a - b)x - \cos(a + b)x}{x\sqrt{x}} dx$$

$$= \frac{2}{I(1)} \int_0^\infty \frac{\sin ax \sin bx}{x\sqrt{x}} dx,$$

であり $\sqrt{|x_i + x_j|} - \sqrt{|x_i - x_j|} = \frac{2}{I(1)} \int_0^\infty \frac{\sin x_i x \sin x_j x}{x\sqrt{x}} dx$ と内積 (関数空間) で表され, $I(1) > 0$ に注意すると問題が証明された (注意 $\sum_{i,j} \left(\sqrt{|x_i + x_j|} - \sqrt{|x_i - x_j|}\right) = \frac{2}{I(1)} \int_0^\infty \frac{1}{x\sqrt{x}} \left(\sum_{i=1}^{n} \sin x_i x\right)^2 dx$). 実は $I(1) = \sqrt{2\pi}$ である. それはオイラー–ガウスの公式

$$\int_0^\infty e^{-\alpha x} x^{s-1} dx = \frac{\Gamma(s)}{\alpha^s} \quad (\mathrm{Re}\,\alpha > 0) \quad (\text{高木貞治『解析概論』 p.256})$$

とフレネル積分

$$\int_0^\infty \cos x^2 dx = \int_0^\infty \sin x^2 dx = \frac{\sqrt{\pi}}{2\sqrt{2}} \quad (\text{杉浦光夫『解析入門 II』 p.248})$$

からわかる. なぜなら,

$$\int_0^A \frac{1-\cos x}{x\sqrt{x}} dx = \int_0^A \frac{1}{x\sqrt{x}} dx \int_0^x \sin u\, du = \iint_{0 \leqq u \leqq x \leqq A} \frac{\sin u}{x\sqrt{x}} du$$

$$= \int_0^A \sin u\, du \int_u^A \frac{1}{x\sqrt{x}} dx = \int_0^A \sin u \left[\frac{x^{-\frac{3}{2}+1}}{-\frac{3}{2}+1} \right]_u^A$$

$$= 2 \left(\int_0^A \frac{\sin u}{\sqrt{u}} du - \frac{1}{\sqrt{A}} \int_0^A \sin u\, du \right)$$

において $A \to \infty$ として

$$\int_0^\infty \frac{1-\cos x}{x\sqrt{x}} dx = 2\int_0^\infty \frac{\sin u}{\sqrt{u}} du = 2\int_0^\infty \frac{\sin v^2}{\sqrt{v^2}} 2v\, dv$$

$$= 4\int_0^\infty \sin v^2 dv = 4\frac{\sqrt{\pi}}{2\sqrt{2}} = \sqrt{2\pi}$$

となります.

【3】　(ABC) のようにして, いくつかの点を通る円を表すこととする.

　三角形 ABC に関する D の等角共役点を Q とする. このとき, D は角 A の内角の二等分線上にあることから, Q も角 A の内角の二等分線上にあり, したがって A, D, Q は同一直線上にある. これと $\angle QBF = \angle QBA = \angle CBD = \angle ADF$ より, 4 点 Q, D, F, B は同一円周上にある. 同様にして 4 点 Q, D, E, C も同一円周上にあり, 方べきの定理より $AF \cdot AB = AD \cdot AQ = AE \cdot AC$ を得るので, これより 4 点 F, B, C, E が同一円周上にあることが分かる.

　これより $\angle FEA = \angle ABC$ となるので, $\angle DEF + \angle BCD = \angle DEF + \angle ADE = 180° - \angle EAD - \angle FEA = 180° - \angle DAF - \angle ABC = (180° - \angle DAF - \angle FDA) - (\angle ABC - \angle DBC) = \angle AFD - \angle ABD = \angle BDF$ となり, 接弦定理により (DBC), (DEF) は D で接する.

　(DBC), (DEF), (FBCE) の根心を考えると, これは直線 BC, 直線 EF, (DBC)

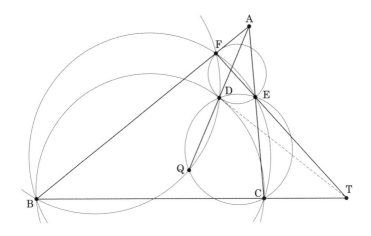

と (DEF) の D での共通接線の交点となるので，これを T としたときに，方べきの定理より $\mathrm{TD}^2 = \mathrm{TE} \cdot \mathrm{TF} = \mathrm{TB} \cdot \mathrm{TC}$ となることが分かる．

　直線 AT と三角形 ABC の外接円の交点を M とする．このとき，上と方べきの定理より $\mathrm{TM} \cdot \mathrm{TA} = \mathrm{TB} \cdot \mathrm{TC} = \mathrm{TE} \cdot \mathrm{TF} = \mathrm{TD}^2$ となり，特に 4 点 A, E, F, M は同一円周上にある．中心 T，半径 TD の円による**反転**を行うと，A は M に，C は B に移り，D は自分自身に移ることから，(ACD) は (MBD) の外接円に移る．(ACD), (MBD) の D でない交点を K とすると，K はこの反転で自分自身に移ることから，$\mathrm{TD} = \mathrm{TK}$ を得る．これより，三角形 KDE の外心，三角

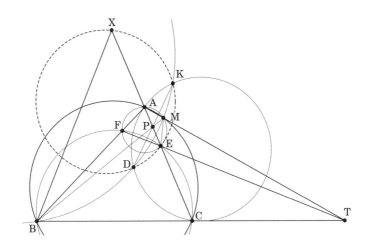

形 ACD の外心，T はいずれも線分 DK の垂直二等分線上にある．三角形 ACD の外心は O_1 であり，T は直線 BC, EF の交点であったことから，三角形 KDE の外心が O_2 と一致することを示せば良い．つまり，4 点 D, K, E, X が同一円周上にあることを示せば良い．

ここで，$\angle EMB = \angle EMA - \angle BMA = (180^\circ - \angle AFE) - \angle BCA = 180^\circ - 2\angle BCA = \angle CXB = \angle EXB$ であるから，4 点 B, E, M, X は同一円周上にある．また，(ABCM), (ACDK), (MBDK) の 3 円の根心を考えることで，直線 AC, BM, DK は 1 点で交わり，この点を P とする．以上より，方べきの定理より $EP \cdot XP = BP \cdot MP = DP \cdot KP$ となるので，4 点 D, K, E, X は同一円周上にある．

【4】　I は角 A の内角の二等分線上にあることから，円周角の定理と合わせて $\angle IXY = \angle IAY = \angle BAI = \angle XYI$ となり，$IX = IY$ を得る．同様にして $IT = IZ$ を得るので，Ω の中心を O としたときに X と Y, T と Z は直線 IO に関して対称であり，これにより $TX = YZ$ を得る．以上より，示すべき主張は $XA + AD + DT = YD + DC + CZ$ に帰着される．

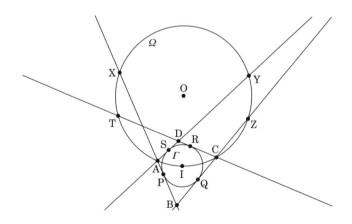

Γ と辺 AB, BC, CD, DA との接点を P, Q, R, S とする．このとき，$IX = IY$, $IP = IS$, $\angle IPX = \angle ISY = 90^\circ$ より直角三角形 IXP, IYS は合同であるから，$XP = YS$ を得る．同様に $RT = QZ$ を得るので，$XA + AD + DT = XA + (AS +$

SD) + DT = (XA + AP) + (RD + DT) = XP + RT = YS + QZ = (YD + DS) + (QC + CZ) = YD + (DR + RC) + CZ = YD + DC + CZ となり，題意は示された.

【5】 条件をみたすようなクルミの入れ方が存在したとして矛盾することを示す．それぞれの時点においてすでに操作が行われたクルミが入っている穴，すなわち k 回目の操作の後について番号が k 以下のクルミが入っている穴を良い穴ということにし，そうでない穴を悪い穴ということにする．1 回目の操作の前の時点ですべての穴は悪い穴であり，2021 回目の操作の後ですべての穴は良い穴である.

k 回目の操作の前後で穴の良し悪しが変わり得るのは，クルミ k が入っている穴とそれに隣接する穴の 3 つのみである．仮定からクルミ k の両隣の穴に入っているクルミは，ともに $k-1$ 以下であるか，ともに $k+1$ 以上であるかのどちらかである．クルミ k の両隣の穴について，前者の場合は操作前も操作後も良い穴であり，後者の場合は操作前も操作後も悪い穴であるから，これらの穴の良し悪しが操作の前後で変化することはない．一方で，クルミ k が入っている穴は良い穴の定義が変わったことによって，悪い穴から良い穴へと変化する．よって k 回目の操作の前後で，クルミ k が入っている穴が悪い穴から良い穴へ変化し，それ以外は変化しない.

逆にそれぞれの穴に注目すると，いずれかの操作によって悪い穴から良い穴へと変化し，それ以降悪い穴へと戻る可能性はない．k 回目の操作の前後で悪い穴から良い穴へと変化する穴に k という番号をつけるとすると，今までの議論より，すべての穴には 1 ～ 2021 の番号がちょうど 1 つずつ割り振られ，仮定より任意の穴について，その穴の番号は両隣の穴の番号のどちらよりも大きいか，両隣の穴の番号のどちらよりも小さいかのどちらかである必要がある．このとき隣り合う 2 つの穴の番号の関係から両隣の穴の番号より小さいものと大きいものが交互に並ぶはずであるが，穴は 2021 個，すなわち奇数個であるから，これはあり得ない.

よって矛盾が導かれ，題意が示された.

【6】　　集合 A の要素数を k，その要素を $A = \{a_1, \cdots, a_k\}$ とし，$s(B_i)$ で集合 B_i の要素の総和を表す．ここで，2 つの集合

$$C = \left\{ \sum_{i=1}^{m} c_i s(B_i) \mid 0 \leqq c_i \leqq m-1,\ c_i\text{は整数} \right\}$$

と

$$D = \left\{ \sum_{j=1}^{k} d_j a_j \mid 0 \leqq d_j \leqq m(m-1),\ d_j\text{は整数} \right\}$$

を考える．

$$s(B_i) = \left\{ \sum_{j=1}^{k} e_{i,j} a_j \mid e_{i,j} \in \{0,1\} \right\}$$

と書けることから，C の各要素は

$$\sum_{i=1}^{m} c_i s(B_i) = \sum_{j=1}^{k} \left(\sum_{i=1}^{m} c_i e_{i,j} \right) a_j$$

と書け，$0 \leqq c_i \leqq m-1\ (1 \leqq i \leqq m)$ より

$$0 \leqq \sum_{i=1}^{m} c_i e_{i,j} \leqq m(m-1)$$

であることに注意すると，$C \subset D$ であることが分かる．

　ここで，C は

$$C = \left\{ \sum_{i=1}^{m} c_i m^i \mid 0 \leqq c_i \leqq m-1,\ c_i\text{は整数} \right\}$$

と書け，m 以上 m^{m+1} 以上の m の倍数の m 進法での表記を考えるとこれらはすべて C に含まれることが分かるから，C の要素は m^m 個以上 (実際にはちょうど m^m 個) であることが分かる．

　一方，D の要素数は $(d_1, \cdots, d_k)$ の組の個数以下であるから，$\{m(m-1)+1\}^k$ 以下である．$m \geqq 2$ より $m(m-1)+1 < m^2$ であるから特に $(m^2)^k = m^{2k}$ 未満であることが分かる．

　これより，

$$m^m < m^{2k}$$

であり，m は正整数であるからこれの m についての対数を取ったあと両辺を 2 で割って，

$$\frac{m}{2} < k$$

を得る．よって，示された．

第6部

付録

6.1 日本数学オリンピックの記録

●第 31 回日本数学オリンピック予選結果

得点	人数	累計	ランク* (人数)
12	0	0	
11	0	0	
10	0	0	
9	0	0	
8	6	6	
7	28	34	
6	57	91	
5	128	219	
4	330	549	
3	744	1293	
2	1863	3156	
1	1191	4347	
0	208	4555	
欠席	315	4870	

応募者総数：4870

男：4007

女：863

高校 3 年生　　31

2 年生　2269

1 年生　2111

中学 3 年生　278

2 年生　　90

1 年生　　77

小学生　　　　7

その他　　　　7

(*) オンライン実施に伴い，大学入試に
は使用しないことを前提としたため，A
ランク，B ランク，C ランクの分類をし
ていない.

●第 31 回 日本数学オリンピック A ランク (予選合格) 者一覧 (85 名)

氏名	学校名	学年	氏名	学校名	学年
髙山 紘任	札幌北高等学校	高1	金 是佑	栄光学園中学校	中2
鴇田 結	仙台第二高等学校	高1	森山 和	富山中部高等学校	高2
菅野 智也	仙台二華高等学校	高1	長徳 大智	富山中部高等学校	高2
宮本 聡一朗	宇都宮大教育学部附属中学校	中2	齊藤 樹	滝中学校	中1
渡邊 繁樹	前橋高等学校	高2	加藤 大智	名古屋市立向陽高等学校	高2
藤浪 清大	開成高等学校	高1	三宅 智史	東海高等学校	高1
柏木 巧記	筑波大学附属駒場中学校	中3	永井 駿匡	刈谷高等学校	高1
平林 雄輝	海城高等学校	高2	蜂矢 倫久	灘高等学校	高1
菅井 遼明	渋谷教育学園渋谷高等学校	高2	沖 祐也	灘高等学校	高1
八橋 嶺	American School In Japan	高2	磯部 健史	高田高等学校	高2
久米 慧	麻布高等学校	高1	吉田 智紀	東大寺学園高等学校	高2
石堀 朝陽	筑波大学附属駒場高等学校	高2	德田 陽向	洛北高等学校	高2
横山 煌一郎	城北高等学校	高1	濵口 優真	洛南高等学校	高2
須田 響	開成中学校	中1	岡崎 可奈	大阪桐蔭高等学校	高1
橋口 豊	武蔵 (都立) 高等学校	高2	山口 裕輝	大阪星光学院高等学校	高1
松本 凛太郎	小石川中等教育学校	高1	黒田 優人	北野高等学校	高2
浅野 峻汰	早稲田実業学校高等部	高2	穂積 弘一	北野高等学校	高2
井口 里紗	早稲田実業学校中等部	中2	橋本 典麿	灘高等学校	高1
天谷 健人	筑波大学附属駒場高等学校	高1	飯沢 海	灘高等学校	高1
菊地 朝陽	筑波大学附属駒場高等学校	高1	橋本 慶	灘高等学校	高1
吉田 智志	筑波大学附属駒場高等学校	高1	伊丹 翔治	灘中学校	中1
池田 淳一郎	筑波大学附属駒場高等学校	高1	孟 那日邃	灘高等学校	高1
猪倉 彼方	筑波大学附属駒場高等学校	高2	安田 百合香	神戸女学院高等学部	高1
竹内 絋	筑波大学附属駒場高等学校	高2	伊藤 寿将	洛南高等学校	高1
大庭 嵩弘	筑波大学附属駒場中学校	中2	芝本 将豊	灘高等学校	高1
伊勢田 理貴	筑波大学附属駒場中学校	中3	斉藤 由延	灘高等学校	高1
市岡 尚興	栄光学園高等学校	高3	田代 新之助	灘高等学校	高1
可児 淳	聖光学院高等学校	高2	中森 遼	灘高等学校	高2
大塚 賢	開智日本橋高等学校	高2	小林 晃一良	灘高等学校	高2
神尾 悠陽	開成高等学校	高2	尼丁 祥伍	灘中学校	中2
井本 匡	麻布高等学校	高1	越智 晴彩	灘中学校	中3
平山 敦嗣	浅野高等学校	高1	児玉 大樹	灘中学校	中3
小坂 響	早稲田実業学校高等部	高2	毛利 天翔	灘中学校	中3
安藤 翔太郎	筑波大学附属駒場高等学校	高1	煙岡 知樹	西大和学園中学校	中3
加藤 麟	筑波大学附属駒場高等学校	高1	本山 晴貴	奈良学園登美ヶ丘高等学校	高1
床呂 光太	筑波大学附属駒場高等学校	高2	辻野 怜史	智辯学園和歌山高等学校	高1
多田 諒典	筑波大学附属駒場中学校	中3	東川 悠輝	広島学院高等学校	高2
古屋 楽	筑波大学附属駒場中学校	中3	舛本 叶多	広島学院高等学校	高2
小西川 巧	栄光学園高等学校	高2	森山 颯達	広島大学附属高等学校	高2
永田 唯一	栄光学園高等学校	高1	三宮 拓実	福岡高等学校	高1

竹下 和樹	久留米大学附設高等学校	高 2	太田 海晴	佐賀西高等学校	高 2
竹内 俊喜	久留米大学附設高等学校	高 2	糸永 泰樹	久留米大学附設高等学校	高 2
福井 卓志	久留米大学附設高等学校	高 2	甲斐 大智	宮崎西高等学校	高 1

氏名等の掲載については，本人と保護者の許可のとれた者のみを掲載しています．

●第 31 回 日本数学オリンピック本選合格者リスト (24 名)

賞	氏名	所属校	学年
川井杯・金賞	沖　祐也	灘高等学校	高 1
銀賞	吉田　智紀	東大寺学園高等学校	高 2
銅賞	磯部　健史	高田高等学校	高 2
銅賞	濵口　優真	洛南高等学校	高 2
銅賞	小林　晃一良	灘高等学校	高 2
優秀賞	鴇田　結	宮城県仙台第二高等学校	高 1
優秀賞	菅井　遼明	渋谷教育学園渋谷高等学校	高 2
優秀賞	鈴木　真翔	開成高等学校	高 3
優秀賞	神尾　悠陽	開成高等学校	高 2
優秀賞	井本　匡	麻布高等学校	高 1
優秀賞	三宮　拓実	福岡県立福岡高等学校	高 1
優秀賞	髙山　絋任	北海道札幌北高等学校	高 1
優秀賞	吉田　智志	筑波大学附属駒場高等学校	高 1
優秀賞	床呂　光太	筑波大学附属駒場高等学校	高 2
優秀賞	猪倉　彼方	筑波大学附属駒場高等学校	高 2
優秀賞	大庭　嵩弘	筑波大学附属駒場中学校	中 2
優秀賞	古屋　楽	筑波大学附属駒場中学校	中 3
優秀賞	森山　和	富山中部高等学校	高 2
優秀賞	長德　大智	富山県立富山中部高等学校	高 2
優秀賞	德田　陽向	京都府立洛北高等学校	高 2
優秀賞	穂積　弘一	大阪府立北野高等学校	高 2
優秀賞	芝本　将豊	灘高等学校	高 1
優秀賞	尼丁　祥伍	灘中学校	中 2
優秀賞	児玉　大樹	灘中学校	中 3

(以上 24 名．同賞内の配列は受験番号順，学年は 2021 年 3 月現在)

6.2 APMOにおける日本選手の成績

これまでの JMO 代表選考合宿参加有資格者 23 名のうち 23 名が受験し，その結果，上位 10 名の成績を日本代表の成績として主催国のインドネシアに提出し，日本は金賞 1，銀賞 2，銅賞 4，優秀賞 3，国別順位 5 位の成績を収めた．

参加各国の成績は，以下のとおりである．

● 第 33 回 アジア太平洋数学オリンピック (2021) の結果

国名	参加人数	総得点	金賞	銀賞	銅賞	優秀賞
アメリカ	10	281	1	2	4	3
韓国	10	243	1	2	4	3
カナダ	10	194	1	2	4	3
イラン	10	188	1	2	4	2
日本	10	184	1	2	4	3
台湾	10	177	1	2	4	3
タイ	10	175	1	2	4	3
香港	10	163	1	2	4	3
ペルー	10	161	1	2	4	2
ブラジル	10	155	1	2	4	3
メキシコ	10	153	1	2	4	2
ロシア	10	153	1	2	4	3
シンガポール	10	153	1	2	4	3
カザフスタン	10	149	0	3	4	3
マレーシア	10	123	1	2	3	4
オーストラリア	10	121	1	1	3	5
フィリピン	10	119	0	1	6	3
タジキスタン	10	118	1	0	5	4
アルゼンチン	10	116	1	1	2	6
インドネシア	10	116	1	2	2	5
バングラデッシュ	10	96	1	0	2	6
サウジアラビア	10	92	0	0	3	6
トルクメニスタン	10	72	0	0	0	10
ニュージーランド	10	72	0	0	0	7
マケドニア	10	63	0	1	2	2
モロッコ	10	60	0	0	1	1
コロンビア	10	58	0	0	2	3
シリア	10	56	0	0	2	1
コスタリカ	10	55	0	0	0	6
ニカラグア	10	50	0	0	1	4
エルサルバドル	6	38	0	0	0	5

キルギス	10	31	0	0	0	4
パナマ	7	26	0	0	1	1
ボリビア	3	22	0	0	0	3
エクアドル	10	20	0	1	0	0
スリランカ	5	16	0	0	0	2
ウルグアイ	3	12	0	0	1	0
計	344	4081	19	38	92	127
参加国数	37					

●日本選手の得点平均

問題番号	1	2	3	4	5	総計平均
得点平均	6.9	4.1	4.7	2.7	0.0	18.4

● APMO での日本選手の成績

賞	氏名	所属校	学年
金賞	神尾 悠陽	開成高等学校	2 年
銀賞	三宮 拓実	福岡県立福岡高等学校	1 年
銀賞	沖 祐也	灘高等学校	1 年
銅賞	吉田 智紀	東大寺学園高等学校	2 年
銅賞	井本 匡	麻布高等学校	1 年
銅賞	小林 晃一良	灘高等学校	2 年
銅賞	鴇田 結	宮城県仙台第二高等学校	1 年
優秀賞	髙山 紘任	北海道札幌北高等学校	1 年
優秀賞	菅井 遼明	渋谷教育学園渋谷高等学校	2 年
優秀賞	濵口 優真	洛南高等学校	2 年

(以上 10 名，学年は 2021 年 3 月現在)

　参加者数は 37 ヶ国 344 名であり，日本の国別順位は 5 位であった．国別順位で上位 10 ヶ国は以下の通りである．

　1. アメリカ，2. 韓国，3. カナダ，4. イラン，5. 日本，6. 台湾，7. タイ，8. 香港，9. ペルー，10. ブラジル

6.3 EGMO における日本選手の成績

4月9日からオンラインで行われた 2021 年ヨーロッパ女子数学オリンピック (EGMO) において，日本代表選手は，銅メダル 3，国別総合順位 29 位という成績を収めた．

氏　名	学　校　名	学年	メダル
山之内 望花	久留米大学附設高等学校	高 1	銅
安田 百合香	神戸女学院高等学部	高 2	銅
長尾 絢	桜蔭高等学校	高 1	銅
岡崎 可奈	大阪桐蔭高等学校	高 2	

日本の国際順位は，55 ヶ国・地域 (55 チーム) 中 29 位であった．国別順位は，上位より，1. ロシア，2. アメリカ，3. ペルー，4. ルーマニア，5. イギリス，6. メキシコ 7. ベラルーシ，8. ウクライナ，9. イスラエル，10. ハンガリー，11. ボスニアヘルツェゴビナ，12. オーストラリア，13. マケドニア，14. ポーランド，15. トルコ，16. サウジアラビア・セルビア，18. ドイツ，19. ブルガリア・カナダ，21. スロバキア，22. チェコスロバキア，23. ブラジル，24. モルドバ，25. スイス，26. ベルギー・カザフスタン，28. ジョージア；29. 日本・フランス，31. バングラデシュ，

… の順であった．

6.4　IMOにおける日本選手の成績

●第 58 回ブラジル大会 (2017) の結果

氏　名	学　校　名	学年	メダル
髙谷 悠太	開成高等学校	高3	金
黒田 直樹	灘高等学校	高2	金
窪田 壮児	筑波大学附属駒場高等学校	高3	銀
神田 秀峰	海陽中等教育学校	高3	銀
岡田 展幸	広島大学附属福山高等学校	高3	銅
清原 大慈	筑波大学附属駒場高等学校	高2	銅

　日本の国際順位は，111 ヶ国・地域中 6 位であった．国別順位は，上位より，1. 韓国，2. 中国，3. ベトナム，4. アメリカ，5. イラン，6. 日本，7. シンガポール・タイ，9. 台湾・イギリス，11. ロシア，12. ジョージア (グルジア)・ギリシャ，14. ベラルーシ・チェコ・ウクライナ，17. フィリピン，18. ブルガリア・イタリア・デンマーク・セルビア，… の順であった．

●第 59 回ルーマニア大会 (2018) の結果

氏　名	学　校　名	学年	メダル
黒田 直樹	灘高等学校	高3	金
清原 大慈	筑波大学附属駒場高等学校	高3	銀
新居 智将	開成高等学校	高3	銀
馬杉 和貴	洛南高等学校	高1	銀
西川 寛人	愛知県立明和高等学校	高3	銅
渡辺 直希	広島大学附属高等学校	高1	銅

　日本の国際順位は，107 ヶ国・地域中 13 位であった．国別順位は，上位より，1. アメリカ，2. ロシア，3. 中国，4. ウクライナ，5. タイ，6. 台湾，7. 韓国，8. シンガポール，9. ポーランド，10. インドネシア，11. オーストラリア，12. イギ

リス，13. 日本・セルビア，15. ハンガリー，16. カナダ，17. イタリア，18. カ
ザフスタン，19. イラン，20. ベトナム，… の順であった．

●第 60 回イギリス大会 (2019) の結果

氏　名	学　校　名	学年	メダル
兒玉 太陽	海陽中等教育学校	高 3	金
坂本 平蔵	筑波大学附属高等学校	高 3	金
平石 雄大	海陽中等教育学校	高 2	銀
宿田 彩斗	開成高等学校	高 2	銀
渡辺 直希	広島大学附属高等学校	高 2	銅
早川 睦海	宮崎県立宮崎西高等学校	高 3	銅

　日本の国際順位は，112 ヶ国・地域中 13 位であった．国別順位は，上位より，
1. 中国・アメリカ，3. 韓国，4. 北朝鮮，5. タイ，6. ロシア，7. ベトナム，8. シ
ンガポール，9. セルビア，10. ポーランド，11. ハンガリー・ウクライナ，13. 日
本，14. インドネシア，15. インド・イスラエル，17. ルーマニア，18. オースト
ラリア，19. ブルガリア，20. イギリス，… の順であった．

●第 61 回ロシア大会 (2020) の結果

氏　名	学　校　名	学年	メダル
渡辺 直希	広島大学附属高等学校	高 3	銀
神尾 悠陽	開成高等学校	高 2	銀
石田 温也	洛南高等学校	高 3	銀
馬杉 和貴	洛南高等学校	高 3	銀
宿田 彩斗	開成高等学校	高 3	銀
平山 楓馬	灘高等学校	高 3	銅

　日本の国際順位は，105 ヶ国・地域中 18 位であった．国別順位は，上位よ
り，1. 中国，2. ロシア，3. アメリカ，4. 韓国，5. タイ，6. イタリア・ポーラン

ド，8. オーストラリア，9. イギリス，10. ブラジル，11. ウクライナ，12. カナ
ダ 13. ハンガリー，14. フランス，15. ルーマニア，16. シンガポール，17. ベ
トナム，18. 日本・ジョージア・イラン，… の順であった．

●第62回ロシア大会 (2021) の結果

氏　名	学　校　名	学年	メダル
神尾 悠陽	開成高等学校	高3	金
沖　祐也	灘高等学校	高2	銀
床呂 光太	筑波大学附属駒場高等学校	高3	銀
吉田 智紀	東大寺学園高等学校	高3	銅
小林晃一良	灘高等学校	高3	銅
井本 匡	麻布高等学校	高2	銅

　日本の国際順位は，107ヶ国・地域中25位であった．国別順位は，上位より，
1. 中国，2. ロシア，3. 韓国，4. アメリカ，5. カナダ，6. ウクライナ，7. イスラ
エル・イタリア，9. 台湾・イギリス，11. モンゴル，12. ドイツ，13. ポーラン
ド，14. ベトナム，15. シンガポール，16. チェコ・タイ，18. オーストラリア・
ブルガリア，20. カザフスタン，21. 香港・クロアチア，23. フィリピン，24. ベ
ラルーシ，25. 日本，… の順であった．

6.5 2017年～2021年数学オリンピック出題分野

6.5.1 日本数学オリンピック予選

出題分野	(小分野)	年–問題番号	解答に必要な知識
幾何	(初等幾何)	17–1	面積の計算
		17–4	方べきの定理，接弦定理
		17–8	接弦定理，相似比
		17–10	円周角の定理，相似比
		18–3	三平方の定理，面積の計算
		18–6	相似比，三平方の定理
		18–9	接弦定理，正弦定理
		19–4	相似，菱形の性質，正五角形
		19–8	内心，合同，余弦定理
		19–10	相似拡大，方べきの定理
		20–2	合同
		20–6	合同，三平方の定理，二等辺三角形の性質
		20–11	合同，内接四角形の性質，平行
		21–2	合同，平行
		21–3	三平方の定理，二等辺三角形の性質
		21–7	垂心，三平方の定理
		21–10	相似，内接四角形の性質
代数	(多項式)	20–5	多項式，不等式，正の数・負の数
	(関数方程式)	19–7	因数定理，因数分解
		20–9	関数，不等式，指数
	(数列)	17–6	整数列
		17–7	約数・倍数
		17–9	有限列の並べ替え
		18–8	数列の和の最小値
		18–12	整数列
		20–8	数列，不等式
		20–12	数列，倍数
	(集合)	19–12	単射，場合の数，集合に対する関数方程式
	(計算)	21–11	絶対値，総和の計算
整数論	(合同式)	19–5	合同式，指定された余りになる最小の整数
		21–8	フェルマーの小定理，場合の数
	(剰余)	19–11	最大公約数，中国剰余定理
	(方程式)	18–4	法 (mod) の計算
		19–1	因数分解，不等式評価
		21–1	不等式評価，互いに素
	(計算)	17–2	素因数分解
	(整数の表示)	18–11	7 進法での表示による桁数の問題
		19–2	不等式評価，mod
		20–1	倍数
		20–4	不等式評価，平方数と立方数の性質

	(不等式)	21–4	不等式評価
	(素因数)	21–6	倍数，約数，互いに素，素数
離散数学	(場合の数)	17–3	長方形の分割
		17–11	集合の元の個数
		18–1	ペアとなる数による分類
		18–2	数列を用いた組合せの問題
		18–5	オセロのルールによる並べ方の問題
		18–7	整数を用いた組合せの問題
		19–3	場合の数，対称性，マス目に数値を記入する
		19–9	場合の数，マス目を彩色する場合の数
		20–3	場合の数，互いに素，対称性
		20–7	場合の数，対称性
		20–10	場合の数，対称性，偶奇
		21–5	場合の数
		21–9	場合の数，対称性，偶奇
	(組合せ)	18–10	条件を満たす組合せの数
		19–6	中国剰余定理，図形を用いた組合せ
		21–12	不変量
	(確率)	17–5	整数を用いた組合せの問題
	(方陣，方形)	17–12	辞書式順序

6.5.2　日本数学オリンピック本選

出題分野	(小分野)	年–問題番号	解答に必要な知識
幾何	(初等幾何)	17–3	外接円，円周角の定理
		18–2	外接円，円周角の定理とその逆
		19–4	接線，4 点相似，方べきの定理，接する 2 円
		20–2	垂心，合同，内接四角形の性質
		21–3	パスカルの定理，正弦定理
代数	(関数方程式)	18–3	整数の有限集合上の関数
		18–5	関数 $Z \times Z \to Z$，格子点
		19–3	単射，実数上の実数値関数
		20–3	不等式評価，帰納法
	(数列)	21–4	不等式評価
整数論	(方程式)	19–1	因数分解，不等式評価
		20–1	不等式評価，平方数の性質
	(合同式)	17–1	最小公倍数，最大公約数
		17–5	フェルマーの小定理
	(剰余)	19–5	中国剰余定理，集合の要素の個数の最大値
	(計算)	18–1	平方数，整数の計算
	(整数列)	17–2	帰納的構成
	(数列)	20–5	数列，最大公約数，多項式
	(関数方程式)	21–1	同値性，倍数，約数
離散数学	(場合の数)	17–4	数え上げ
		18–4	無限のマス目
		19–2	マス目への書き込み，貪欲法，不変量
		20–4	ゲーム，グラフ
	(組合せ)	21–2	ゲーム
		21–5	グラフ

6.5.3　国際数学オリンピック

出題分野	(小分野)	年–問題番号	解答に必要な知識
幾何	(初等幾何)	17–4	円周角の定理等
		18–1	平行線，垂直二等分線，二等辺三角形，角の二等分線，円周角の定理，与えられた角に対応する円弧の長さ
		18–6	四角形の内部の点が作る角，相似な三角形の条件，相似な三角形の辺の長さの比，円周角の定理，方べきの定理，円の接線
		19–2	円周角定理，共円条件
		19–6	内心，方べきの定理，円周角の定理，接弦定理，複素数平面
		20–1	円周角の定理，共円条件
		20–6	垂線，不等式評価
		21–3	共線，共円，方べき，正弦定理
		21–4	内接円を持つ凸四角形，対称性
代数	(方程式)	18–2	数列の漸化式，漸化式をみたす数列の構成，符号の繰り返し
	(関数方程式)	17–2	関数の単射性と全射性
		19–1	コーシーの関数方程式
	(不等式)	20–2	重み付き相加平均相乗平均の不等式 (または，イエンセンの凸不等式)，同次化
		21–2	不等式の証明，平行移動，できれば大学数学における二次形式と正定値実対称行列
	(m 進法と整数の表現)	21–6	m 進法による整数の表現，背理法
整数論	(合同式)	17–1	mod 3 での計算，無限降下法
	(素因数分解)	17–6	素因数分解，フェルマーの小定理
		18–5	有理数列の和が整数となる時の分子と分母の大きさの評価，素因数分解したときの与えられた素数のべき数の評価
		20–5	素因数，最大公約数
	(不定方程式の整数解)	19–4	階乗の素数因数，不等式評価
	(平方数)	21–1	平方数と不等式による評価
組合せ論	(組合せ)	17–3	誤差の蓄積
		18–3	三角形に並べた数から数列を選び出す，数列の並べ替え，数列の大きさの評価
		18–4	チェス盤における白いマス目と黒いマス目，チェスのナイトの動き，チェスの盤をナイトの動きに応じて分割する
		21–5	
	(グラフ理論)	19–3	鳩の巣原理，頂点の次数，グラフの連結性，連結成分
		20–3	グラフ，オイラーの一筆書き定理
		20–4	グラフ，連結成分

| (数え上げ) | 19–5 | 数学的帰納法, 漸化式 |
| (その他) | 17–5 | 条件を満たす列の構成 |

6.6 記号，用語・定理

6.6.1 記号

$\equiv$	合同
$a \equiv b \pmod{p}$	$a - b$ が p で割れる，a と b とが p を法として等しい．
$a \not\equiv b \pmod{p}$	$a - b$ が p で割れない．
$=$	恒等的に等しい
$[x]$ あるいは $\lfloor x \rfloor$	x を越えない最大整数，ガウス記号
$\lceil x \rceil$	x 以上の最小整数
$\binom{n}{k}$, $_n\mathrm{C}_k$	二項係数，n 個のものから k 個とる組合せの数
$p \mid n$	p は n を割り切る
$p \nmid n$	p は n を割り切れない
$n!$	n の階乗 $= 1 \cdot 2 \cdot 3 \cdots (n-1)n$, $0! = 1$
$\prod\limits_{i=1}^{n} a_i$	積 $a_1 a_2 \cdots a_n$
$\sum\limits_{i=1}^{n} a_i$	和 $a_1 + a_2 + \cdots + a_n$
$\circ$	$f \circ g(x) = f[g(x)]$ 合成
$K_1 \cup K_2$	集合 K_1 と K_2 の和集合
$K_1 \cap K_2$	集合 K_1 と K_2 の共通部分集合
$[a, b]$	閉区間，$a \leqq x \leqq b$ である x の集合
(a, b)	開集合，$a < x < b$ である x の集合

6.6.2　用語・定理

●あ行

オイラーの拡張 (フェルマーの定理)　「フェルマーの定理」参照.

オイラーの定理 (三角形の内接円の中心と外接円の中心間の距離 d)

$$d = \sqrt{R^2 - 2rR}$$

ここで r, R は内接円，外接円の半径である.

重さ付きの相加・相乗平均の不等式　$a_1, a_2, \cdots, a_n$ が n 個の負でない数で，$w_1, w_2,$ $\cdots, w_n$ は重さとよばれる負でない，その和が 1 である数. このとき $\sum_{i=1}^{n} w_i a_i \geqq \prod_{i=1}^{n} a_i^{w_i}$. "=" が成り立つ必要十分条件は $a_1 = a_2 = \cdots = a_n$. 証明はジェンセン (Jensen) の不等式を $f(x) = -\log x$ として用いる.

●か行

外積　2 つのベクトルのベクトル積 $\boldsymbol{x} \times \boldsymbol{y}$，「ベクトル」参照.

幾何級数　「級数」参照.

幾何平均　「平均」参照.

行列式 (正方行列 M の) $\det M$　M の列 $C_1, \cdots, C_n$ に関する次のような性質をみたす多重線形関数 $f(C_1, C_2, \cdots, C_n)$ である.

$$f(C_1, C_2, \cdots, C_i, \cdots, C_j, \cdots, C_n)$$
$$= -f(C_1, C_2, \cdots, C_j, \cdots, C_i, \cdots, C_n)$$

また $\det I = 1$ である. 幾何学的には，$\det(C_1, C_2, \cdots, C_n)$ は原点を始点とするベクトル $C_1, C_2, \cdots, C_n$ よりできる平行 n 次元体の有向体積である.

逆関数　$f : X \to Y$ が逆写像 f^{-1} をもつとは，f の値域の任意の点 y に対して $f(x) = y$ となる領域の点 x が一意に存在することであり，このとき $f^{-1}(y) = x$ であり，かつ $f^{-1} \circ f$, $f \circ f^{-1}$ は恒等写像である.「合成」参照.

既約多項式　恒等的にゼロでない多項式 $g(x)$ が体 F の上で既約であるとは，$g(x) = r(x)s(x)$ と分解できないことである. ここで $r(x)$, $s(x)$ は F 上の正の次数の多項式である. たとえば $x^2 + 1$ は実数体の上では既約であるが，$(x+i)(x-i)$ となり，複素数体の上では既約でない.

級数　算術級数 $\sum_{j=1}^{n} a_j$, $a_{j+1} = a_j + d$. d は公差. 幾何級数 $\sum_{j=0}^{n-1} a_j$, $a_{j+1} = ra_j$. r は公比.

級数の和

—— の線形性

$$\sum_k [aF(k) + bG(k)] = a\sum_k F(k) + b\sum_k G(k)$$

—— の基本定理 (望遠鏡和の定理)

$$\sum_{k=1}^{n} [F(k) - F(k-1)] = F(n) - F(0)$$

F をいろいろ変えて以下の和が得られる.

$$\sum_{k=1}^{n} 1 = n, \quad \sum_{k=1}^{n} k = \frac{1}{2}n(n+1), \quad \sum_{k=1}^{n} k^2 = \frac{1}{6}n(n+1)(2n+1),$$

$$\sum_{k=1}^{n} [k(k+1)]^{-1} = 1 - \frac{1}{n+1},$$

$$\sum_{k=1}^{n} [k(k+1)(k+2)]^{-1} = \frac{1}{4} - \frac{1}{2(n+1)(n+2)}.$$

幾何級数の和 $\sum_{k=1}^{n} ar^{k-1} = a(1-r^n)/(1-r)$. 上記参照.

$$\sum_{k=1}^{n} \cos 2kx = \frac{\sin nx \cos(n+1)x}{\sin x}, \quad \sum_{k=1}^{n} \sin 2kx = \frac{\sin nx \sin(n+1)x}{\sin x}$$

行列　数を正方形にならべたもの (a_{ij}).

コーシー—シュワルツの不等式　ベクトル $\boldsymbol{x}, \boldsymbol{y}$ に対して $|\boldsymbol{x} \cdot \boldsymbol{y}| < |\boldsymbol{x}||\boldsymbol{y}|$, 実数 x_i, y_i, $i = 1, 2, \cdots, n$ に対して

$$|x_1 y_1 + x_2 y_2 + \cdots + x_n y_n| \leqq \left(\sum_{i=1}^{n} x_i{}^2\right)^{1/2} \left(\sum_{i=1}^{n} y_i{}^2\right)^{1/2}$$

等号の成り立つ必要十分条件は $\boldsymbol{x}, \boldsymbol{y}$ が同一線上にある, すなわち $x_i = k y_i$, $i = 1, 2, \cdots, n$. 証明は内積の定義 $\boldsymbol{x} \cdot \boldsymbol{y} = |x||y| \cos(\boldsymbol{x}, \boldsymbol{y})$ または二次関数 $q(t) = \sum(y_i t - x_i{}^2)$ の判別式より.

根　方程式の解.

根軸 (同心でない 2 つの円の ——)　2 つの円に関して方べきの等しい点の軌跡 (円が交わるときには共通弦を含む直線である).

根心 (中心が一直線上にない 3 つの円の ——)　円の対の各々にたいする 3 つの根軸の交点.

合成 (関数の ——)　関数 f, g で f の値域は g の領域であるとき, 関数 $F(x) = f \circ g(x) = f[g(x)]$ を f, g の合成という.

合同 $a \equiv b \pmod{p}$　"a は p を法として b と合同である" とは $a - b$ が p で割りきれることである.

●さ行

三角恒等式

$$\left.\begin{array}{l}\sin(x \pm y) = \sin x \cos y \pm \sin y \cos x \\ \cos(x \pm y) = \cos x \cos y \mp \sin x \sin y\end{array}\right\} \qquad \text{(加法公式)}$$

$$\sin nx = \cos^n x \left\{ \binom{n}{1} \tan x - \binom{n}{3} \tan^3 x + \cdots \right\}$$

ド・モアブルの定理より

$$\cos nx = \cos^n x \left\{ 1 - \binom{n}{2} \tan^2 x + \binom{n}{4} \tan^4 x - \cdots \right\},$$

$$\sin 2x + \sin 2y + \sin 2z - \sin 2(x+y+z)$$

$$= 4\sin(y+z)\sin(z+x)\sin(x+y),$$

$$\cos 2x + \cos 2y + \cos 2z + \cos 2(x+y+z)$$

$$= 4\cos(y+z)\cos(z+x)\cos(x+y),$$

$$\sin(x+y+z) = \cos x \cos y \cos z(\tan x + \tan y + \tan z - \tan x \tan y \tan z),$$

$$\cos(x+y+z) = \cos x \cos y \cos z(1 - \tan y \tan z - \tan z \tan x - \tan x \tan y)$$

三角形の等周定理　面積が一定のとき，正三角形が辺の長さの和が最小な三角形である.

ジェンセン (Jensen) の不等式　$f(x)$ は区間 I で凸で，$w_1, w_2, \cdots, w_n$ は和が 1 である任意の負でない重さである.

$$w_1 f(x_1) + w_2 f(x_2) + \cdots + w_n f(x_n) > f(w_1 x_1 + w_2 x_2 + \cdots + w_n x_n)$$

が I のすべての x_i にたいして成り立つ.

シュアーの不等式　実数 $x, y, z, n \geqq 0$ に対して

$$x^n(x-y)(x-z) + y^n(y-z)(y-x) + z^n(z-x)(z-y) \geqq 0$$

周期関数　$f(x)$ はすべての x で $f(x+a) = f(x)$ となるとき周期 a の周期関数という.

巡回多角形　円に内接する多角形.

斉次　$f(x,y,z,\cdots)$ が次数が k の斉次式であるとは，

$$f(tx, ty, tz, \cdots) = t^k f(x, y, z, \cdots).$$

線形方程式系が斉次とは，各方程式が $f(x,y,z,\cdots) = 0$ の形で f は次数 1 である.

零点 (関数 $f(x)$ の ―)　$f(x) = 0$ となる点 x.

相加・相乗・調和平均の不等式　$a_1, a_2, \cdots, a_n$ が n 個の負でない数であるとき，

$$\frac{1}{n}\sum_{i=1}^n a_i \geqq \sqrt[n]{a_1 \cdots a_i \cdots a_n} \geqq \left(\frac{1}{n}\sum_{i=1}^n \frac{1}{a_i}\right)^{-1}, \quad (a_i > 0)$$

"=" の成り立つ必要十分条件は $a_1 = a_2 = \cdots = a_n$.

相似変換　相似の中心という定点からの距離を一定, $k \neq 0$ 倍する平面あるいは空間の変換である. この変換 (写像) は直線をそれと平行な直線へ写し, 中心のみが不動点である. 逆に, 任意の 2 つの相似図形の対応する辺が平行であれば, 一方を他方へ写す相似変換が存在する. 対応する点を結ぶ直線はすべて中心で交わる.

●た行

チェバの定理　三角形 ABC で直線 BC 上に点 D を, 直線 CA 上に点 E を, 直線 AB 上に点 F をとる. もし直線 AD, BE, CF が 1 点で交われば (i) BD · CE · AF = DC · EA · FB である. 逆に (i) が成り立つとき直線 AD, BE, CF は 1 点で交わる.

中国剰余定理　$m_1, m_2, \cdots, m_n$ が正の整数でどの 2 つの対をとってもそれらは互いに素で, $a_1, a_2, \cdots, a_n$ は任意の n 個の整数である. このとき合同式 $x \equiv a_i \pmod{m_i}$, $i = 1, 2, \cdots, n$ は共通の解をもち, どの 2 つの解も $m_1 m_2 \cdots m_n$ を法として合同である.

調和平均　「平均」参照.

ディリクレの原理　「鳩の巣原理」を参照.

凸関数　関数 $f(x)$ が区間 I で凸であるとは, I の任意の 2 点 x_1, x_2 と負でない任意の重み w_1, w_2 $(w_1 + w_2 = 1)$ に対して $w_1 f(x_1) + w_2 f(x_2) > f(w_1 x_1 + w_2 x_2)$ が成り立つことである. 幾何学的には $(x_1, f(x_1))$ と $(x_2, f(x_2))$ の間の f のグラフがその 2 点を結ぶ線分の下にあることである. 以下の重要事項が成り立つ.

(1) $w_1 = w_2 = \dfrac{1}{2}$ で上の不等式をみたす連続関数は凸である.

(2) 2 階微分可能な関数が凸である必要十分条件は $f''(x)$ がその区間の中で負でないことである.

(3) 微分可能な関数のグラフはその接線の上にある. さらに「ジェンセン (Jensen) の不等式」を参照せよ.

凸集合　点集合 S が凸であるとは, S の任意の 2 点の点対 P, Q を結ぶ線分 PQ 上のすべての点が S の点であることである.

凸包 (集合 S の)　S を含むすべての凸集合の共通部分集合.

ド・モアブルの定理　$(\cos\theta + i\sin\theta)^n = \cos n\theta + i\sin n\theta$

●な行

二項係数

$$\binom{n}{k} = \frac{n!}{k!(n-k)!} = \binom{n}{n-k} = (1+y)^n \text{の展開式の } y^k \text{の係数}$$

また，

$$\binom{n+1}{k+1} = \binom{n}{k+1} + \binom{n}{k}$$

二項定理

$$(x+y)^n = \sum_{k=0}^{n} \binom{n}{k} x^{n-k} y^k$$

ここで $\binom{n}{k}$ は二項係数.

●は行

　鳩の巣原理 (ディリクレの箱の原理)　n 個のものが $k < n$ 個の箱に入ると，$\left\lfloor \dfrac{n}{k} \right\rfloor$ 個以上のものが入っている箱が少なくとも 1 つ存在する.

　フェルマーの定理　p が素数のとき，$a^p \equiv a \pmod{p}$.

　── **オイラーの拡張**　m が n に相対的に素であると，$m^{\phi(n)} \equiv 1 \pmod{n}$. ここでオイラーの関数 $\phi(n)$ は n より小で n と相対的に素である正の整数の個数を示す. 次の等式が成り立つ.

$$\phi(n) = n \prod \left(1 - \frac{1}{p_j} \right)$$

ここで p_j は n の相異なる素の因数である.

　複素数　$x + iy$ で示される数. ここで x, y は実数で $i = \sqrt{-1}$.

　平均 (n 個の数の ──)

$$算術平均 = \text{A.M.} = \frac{1}{n} \sum_{i=1}^{n} a_i,$$

$$幾何平均 = \text{G.M.} = \sqrt[n]{a_1 a_2 \cdots a_n}, \quad a_i \geqq 0,$$

$$調和平均 = \text{H.M.} = \left(\frac{1}{n} \sum_{i=1}^{n} \frac{1}{a_i} \right)^{-1}, \quad a_i > 0,$$

$$\text{A.M.–G.M.–H.M. 不等式} : \quad \text{A.M.} \geqq \text{G.M.} \geqq \text{H.M.}$$

等号の必要十分条件は，n 個の数がすべて等しいこと.

べき平均

$$P(r) = \left(\frac{1}{n} \sum_{i=1}^{n} a_i{}^r \right)^{1/r}, \quad a_i > 0, \quad r \neq 0, \quad |r| < \infty$$

特別の場合：$P(0) = $ G.M., $P(-1) = $ H.M., $P(1) = $ A.M.

$P(r)$ は $-\infty < r < \infty$ 上で連続である．すなわち

$$\lim_{r \to 0} P(r) = \left(\prod a_i \right)^{1/n},$$

$$\lim_{r \to -\infty} P(r) = \min(a_i),$$

$$\lim_{r \to \infty} P(r) = \max(a_i).$$

べき平均不等式　$-\infty \leqq r < s < \infty$ に対して $P(r) \leqq P(s)$．等号の必要十分条件はすべての a_i が等しいこと．

ベクトル　順序付けられた n 個の実数の対 $\boldsymbol{x} = (x_1, x_2, \cdots, x_n)$ を n 次元ベクトルという．実数 a との積はベクトル $a\boldsymbol{x} = (ax_1, ax_2, \cdots, ax_n)$．2 つのベクトル $\boldsymbol{x}$ と $\boldsymbol{y}$ の和ベクトル $\boldsymbol{x} + \boldsymbol{y} = (x_1 + y_1, x_2 + y_2, \cdots, x_n + y_n)$ (加法の平行四辺形法則，加法の三角形法則)．

内積 $\boldsymbol{x} \cdot \boldsymbol{y}$ は，幾何学的には $|\boldsymbol{x}||\boldsymbol{y}| \cos\theta$，ここで $|\boldsymbol{x}|$ は $\boldsymbol{x}$ の長さで，θ は 2 つのベクトル間の角である．代数的には $\boldsymbol{x} \cdot \boldsymbol{y} = x_1 y_1 + x_2 y_2 + \cdots + x_n y_n$ で $|\boldsymbol{x}| = \sqrt{\boldsymbol{x} \cdot \boldsymbol{x}} = \sqrt{x_1{}^2 + x_2{}^2 + \cdots + x_n{}^2}$．3 次元空間 E では，ベクトル積 $x \times y$ が定義される．幾何学的には x と y に直交し，長さ $|\boldsymbol{x}||\boldsymbol{y}| \sin\theta$ で向きは右手ネジの法則により定まる．代数的には $\boldsymbol{x} = (x_1, x_2, x_3)$ と $\boldsymbol{y} = (y_1, y_2, y_3)$ の外積はベクトル $\boldsymbol{x} \times \boldsymbol{y} = (x_2 y_3 - x_3 y_2, x_3 y_1 - x_1 y_3, x_1 y_2 - x_2 y_1)$．幾何的定義から三重内積 $\boldsymbol{x} \cdot \boldsymbol{y} \times \boldsymbol{z}$ は $\boldsymbol{x}, \boldsymbol{y}$ と $\boldsymbol{z}$ がつくる平行六面体の有向体積であり，

$$\boldsymbol{x} \cdot \boldsymbol{y} \times \boldsymbol{z} = \begin{vmatrix} x_1 & x_2 & x_3 \\ y_1 & y_2 & y_3 \\ z_1 & z_2 & z_3 \end{vmatrix} = \det(\boldsymbol{x}, \boldsymbol{y}, \boldsymbol{z}).$$

「行列」参照．

ヘルダーの不等式　a_i, b_i は負でない数であり，p, q は $\dfrac{1}{p} + \dfrac{1}{q} = 1$ である正の数である．すると

$$a_1 b_1 + a_2 b_2 + \cdots + a_n b_n$$

$$< (a_1{}^p + a_2{}^p + \cdots + a_n{}^p)^{1/p} (b_1{}^q + b_2{}^q + \cdots + b_n{}^q)^{1/q}.$$

ここで等号となる必要十分条件は $a_i = kb_i$, $i = 1, 2, \cdots, n$．

コーシー–シュワルツの不等式は $p = q = 2$ の特別な場合になる．

ヘロンの公式　辺の長さが a, b, c である三角形 ABC の面積 [ABC].

$$[ABC] = \sqrt{s(s-a)(s-b)(s-c)}$$

ここで $s = \dfrac{1}{2}(a + b + c)$.

傍接円　1 辺の内点と 2 辺の延長上の点に接する円．

●ま行

メネラウスの定理　三角形 ABC の直線 BC, CA, AB 上の点をそれぞれ D, E, F とする．3 点 D, E, F が一直線上にある必要十分条件は $BD \cdot CE \cdot AF = -DC \cdot EA \cdot FB$.

●や行

ユークリッドの互除法 (ユークリッドのアルゴリズム)　2 つの整数 $m > n$ の最大公約数 GCD を求める繰り返し除法のプロセス．$m = nq_1 + r_1$, $q_1 = r_1q_2 + r_2$, $\cdots$, $q_k = r_kq_{k+1} + r_{k+1}$. 最後の 0 でない剰余が m と n の GCD である．

6.7 参考書案内

● 『**math OLYMPIAN**』(数学オリンピック財団編)

年 1 回発行 (10 月).

内容：前年度 JMO, APMO, IMO の問題と解答の紹介及び IMO 通信添削問題と解答．JMO 受験申込者に，当該年度発行の 1 冊を無料でお送りします．

以下の本は，発行元または店頭でお求めください．

[1] 『数学オリンピック 2017〜2021』(2021 年 9 月発行), 数学オリンピック財団編，日本評論社．

　　内容：2017 年から 2021 年までの日本予選，本選，APMO (2021 年)，EGMO (2021 年), IMO の全問題 (解答付) 及び日本選手の成績．

[2] 『数学オリンピック教室』，野口廣著，朝倉書店．

[3] 『ゼロからわかる数学 — 数論とその応用』，戸川美郎著，朝倉書店．

[4] 『幾何の世界』，鈴木晋一著，朝倉書店．

　　内容：シリーズ数学の世界 ([2][3][4]) は，JMO 予選の入門書です．

[5] 『数学オリンピック事典 — 問題と解法』，朝倉書店．

　　内容：国際数学オリンピック (IMO) の第 1 回 (1960 年) から第 40 回 (2000 年) までの全問題と解答，日本数学オリンピック (JMO) の 1989 年から 2000 年までの全問題と解答及びその他アメリカ，旧ソ連等の数学オリンピックに関する問題と解答の集大成です．

[6] 『数学オリンピックへの道 1：組合せ論の精選 102 問』，小林一章，鈴木晋一監訳，朝倉書店．

[7] 『数学オリンピックへの道 2：三角法の精選 103 問』，小林一章，鈴木晋一監訳，朝倉書店．

[8] 『数学オリンピックへの道 3：数論の精選 104 問』，小林一章，鈴木晋一監訳，朝倉書店．

　　内容：シリーズ数学オリンピックへの道 ([6][7][8]) は，アメリカ合衆国の国際数学オリンピックチーム選手団を選抜すべく開催される数学オリンピック夏期合宿プログラム (MOSP) において，練習と選抜試験に用い

られた問題から精選した問題集です．組合せ数学・三角法・初等整数論
の 3 分野で，いずれも日本の中学校・高等学校の数学ではあまり深入り
しない分野です．

[**9**]　『獲得金メダル！ 国際数学オリンピック ― メダリストが教える解き方
と技』，小林一章監修，朝倉書店．

　　　内容：本書は，IMO 日本代表選手に対する直前合宿で使用された教材を
　　　もとに，JMO や IMO に出題された難問の根底にある基本的な考え方や
　　　解法を，IMO の日本代表の OB 達が解説した参考書です．

[**10**]　『平面幾何パーフェクト・マスター ― めざせ，数学オリンピック』，鈴
木晋一編著，日本評論社．

[**11**]　『初等整数パーフェクト・マスター ― めざせ，数学オリンピック』，鈴
木晋一編著，日本評論社．

[**12**]　『代数・解析パーフェクト・マスター ― めざせ，数学オリンピック』，
鈴木晋一編著，日本評論社．

[**13**]　『組合せ論パーフェクト・マスター ― めざせ，数学オリンピック』，鈴
木晋一編著，日本評論社．

　　　内容：[10][11][12][13] は，日本をはじめ，世界中の数学オリンピックの
　　　過去問から精選した良問を，基礎から中級・上級に分類して提供する問
　　　題集となっています．

6.8 第32回日本数学オリンピック募集要項
(第63回国際数学オリンピック日本代表選手候補選抜試験)

第63回国際数学オリンピックノルウェー大会 (IMO 2022)(2022年7月開催予定) の日本代表選手候補を選抜する第32回 JMO を行います. また, この受験者の内の女子は, ヨーロッパ女子数学オリンピック (EGMO) の最終選抜も兼ねています. 奮って応募してください.

●**応募資格**　2022年1月時点で大学教育 (またはそれに相当する教育) を受けていない20歳未満の者. 但し, IMO 代表資格は, 日本国籍を有する高校2年生以下の者とする.

●**試験内容**　前提とする知識は, 世界各国の高校程度で, 整数問題, 幾何, 組合せ, 式変形等の問題が題材となります. (微積分, 確率統計, 行列は範囲外です.)

●**受験料**　4,000円 (納付された受験料は返還いたしません.)
申込者には, math OLYMPIAN 2021年度版を送付します.

●**申込方法**
(1) **個人申込**　2021年9月1日〜10月30日の間に, 郵便局の青色の郵便振替「払込取扱票」に下記事項を楷書で記入し, 受験料を添えて申し込んでください. 記入漏れにご注意ください.

口座番号：00170-7-556492
加入者名：(公財) 数学オリンピック財団
通信欄：学校名, 学年, 生年月日, 性別, 受験希望地
払込人欄：郵便番号, 住所, 氏名 (フリガナ), 電話番号

(2) **学校一括申込 (JMO5名以上)**　2021年9月1日〜9月30日の間に申し込んでください.

一括申込の場合は, JMO は4,000円から JMO と JJMO を合わせた人数で以下のように割り引きます.

- 5 人以上 20 人未満 $\Longrightarrow$ 1 人 500 円引き.
- 20 人以上 50 人未満 $\Longrightarrow$ 1 人 1,000 円引き.
- 50 人以上 $\Longrightarrow$ 1 人 1,500 円引き.

一括申込方法は, 数学オリンピック財団のホームページをご覧ください.

● 選抜方法と選抜日程および予定会場

▶▶ 日本数学オリンピック (JMO) 予選

日時　2022 年 1 月 10 日 (月: 成人の日) 午後 1:00～4:00

オンライン (インターネット／ホームページを介して自宅等で受験する方式) での単答式試験を行います (詳細は, 試験実施の 1 ケ月前にホームページ等で発表予定).

選抜方法　3 時間で 12 問の解答のみを記す筆記試験を行います.

結果発表　2 月上旬までに成績順に A ランク, B ランク, C ランクとして本人に通知します. A ランク者は, 数学オリンピック財団のホームページ等に掲載し, 表彰します.

地区表彰　財団で定めた地区割りで, 成績順に応募者の約 1 割 (A ランク者を含め) に入る B ランク者を, 地区別 (受験会場による) に表彰します.

▶▶ 日本数学オリンピック (JMO) 本選

日時　2022 年 2 月 11 日 (金: 建国記念の日)　午後 1:00～5:00

受験場所は, 数学オリンピック財団のホームページで発表します.

選抜方法　予選 A ランク者に対して, 4 時間で 5 問の記述式筆記試験を行います.

結果発表　2 月下旬, JMO 受賞者 (上位 20 名前後) を発表し, 「代表選考合宿 (春の合宿)」に招待します.

表彰　「代表選考合宿 (春の合宿)」期間中に JMO 受賞者の表彰式を行います. 優勝者には, 川井杯を授与します. また, 受賞者には, 賞状・副賞等を授与します.

●合宿 (代表選考合宿)

春 (2022 年 3 月下旬) に合宿を行います．この「代表選考合宿」後に，IMO 日本代表選手候補 6 名を決定します．

場所：国立オリンピック記念青少年総合センター (予定)．

●**特典**　今回の JMO 予選は，オンラインにより実施するため，大学入試には使用しないことを前提として行います．

(注意) 募集要項は 2021 年度にも変更される可能性があります．最新の情報については，下記の数学オリンピック財団のホームページを参照して下さい．

公益財団法人数学オリンピック財団

　　　TEL 03-5272-9790　　FAX 03-5272-9791

　　　URL https://www.imojp.org/

公益財団法人数学オリンピック財団

〒160-0022 東京都新宿区新宿 7-26-37-2D

Tel 03-5272-9790,　Fax 03-5272-9791

すうがく
数学オリンピック 2017 〜 2021

2021 年 9 月 25 日　　第 1 版第 1 刷発行

監　修	こうざい すうがく ざいだん (公財)数学オリンピック財団
発行所	株式会社 日本評論社
	〒 170-8474 東京都豊島区南大塚 3-12-4
	電話 (03)3987-8621 [販売]
	(03)3987-8599 [編集]
印　刷	三美印刷
製　本	難波製本
装　幀	海保　透